KB007561
오늘보다 더 건강한 내일을 위해
2·1·1 식단을 시작하세요!

맛있는 요리를 만드는 레시피가 있는 것처럼 웃음, 힐링, 성장을 만드는 레시피도 있을까요?
레시피팩토리는 모호함으로 가득한 이 세상에서 당신의 작은 행복을 위한 간결한 레시피가 되겠습니다.

대사증후군 잡는 2·1·1 식단

대사증후군 1천만 명 시대,
참 쉬운 실천법 2·1·1 식단으로 관리하면 됩니다

'대사증후군? 나하고는 관계 없는 걸?' '이건 나이 든 사람이나 걸리는 것 아닌가?' 이렇게 강 건너 불구경하듯 남의 얘기로 넘길 수 없을 만큼 이제 '대사증후군(Metabolic syndrome)'은 우리에게 보편적인 질환이 되어 버렸습니다. 우리나라 30세 이상 성인 3명 중 1명이 대사증후군이라고 하니까요.
대사증후군은 복부비만과 함께 혈압, 혈당 또는 중성지방이 정상치보다 높거나 HDL 콜레스테롤이 저하되어 심근경색이나 뇌졸중의 위험이 높아진 상태를 말합니다. 당장 몸으로 느끼는 통증이나 불편함이 없다고 간과하기 쉽지만, 심혈관질환이나 당뇨병, 중풍 등으로 발전되어 생명을 위협할 수 있기에 시한폭탄과 다름이 없지요.
그렇지만 한편 다행스러운 것은 대사증후군이라 하더라도 적극적으로 생활습관을 개선하면 큰 병으로 악화되는 것을 충분히 막을 수 있습니다. 바로 우리가 매일 먹고 있는 식사로 말이지요.

약식동원(藥食同源). 질병의 치료를 위해 사용하는 약물과 음식물의 근원이 같다는 뜻인데요, 대사증후군도 매끼 먹는 밥을 조금만 신경 쓰면 물리칠 수 있고, 그 비법은 바로 '2·1·1 식단'에 있습니다. '2·1·1 식단'의 원리는 먼저 펴낸 책 <뱃살 잡는 Low GL 다이어트 요리책>에도 소개한 바 있는 과학적인 저탄수화물 식사법인 'Low GL 식사법'을 근거로 합니다.

GL이란 Glycemic Load의 약자로, 번역하면 '혈당 부하(변화)'라고 이해하면 됩니다. 여기서 혈당은 혈액 안에 있는 당(포도당)을 말해요. 우리가 탄수화물 음식을 먹으면 몸 속에서 분해, 흡수되어 혈액 속 혈당이 올라가는데요, 이때 호르몬인 인슐린이 분비되어 이 당을 에너지로 이용하거나 지방으로 전환하지요. 그런데 문제는 탄수화물(당)을 지나치게 섭취해 혈당이 많이 오르는 상황이 반복되면, 인슐린을 분비하는 췌장에 부담이 가중되고 체내 대사의 이상이 생기면서 비만, 당뇨병, 이상지질혈증 등에 취약해진다는 데 있어요.

특히 우리나라 사람들은 전통적으로 밥, 면 등 탄수화물 식품을 주식으로 먹고 있고, 동시에 최근에는 음료나 디저트 등으로 당 섭취량이 크게 증가된 상태라 이들 병에 걸릴 가능성이 높은 상태, 즉 대사증후군의 위험성이 커진 것이 현실입니다. 그렇다면 과학적인 저탄수화물 식사법인 Low GL 식사법을 실제 밥상에서는

어떻게 실천할 수 있을까요? 먼저 흰쌀 대신 현미나 보리 등 도정하지 않은 통곡물을, 정제된 밀가루 대신 통밀을 선택하면 GL을 낮출 수 있어요. 먹는 방법에 따라서도 GL을 줄일 수 있는데, 동량의 '당'이라도 식이섬유가 풍부한 채소와 함께, 또한 좋은 지방이 적당히 들어있는 단백질 급원 식품과 함께 먹으면 도움이 된답니다. 그래도 여전히 복잡해 보이면, 앞서 이야기한 '2·1·1'만 기억하세요!

한 끼에 먹는 음식을 한 접시에 차린다고 생각하고, 전체의 반(1/2)을 다양한 채소로 풍부하게, 반의반(1/4)을 단백질 식품으로, 그 남은 반(1/4)을 통곡물로 담아 많이 씹고, 천천히 먹는 방법이에요. 채소 : 단백질 식품 : 통곡물 = 2 : 1 : 1 비율이 되는 것이지요.

대사증후군도 이해했고 Low GL 식사법과 2·1·1 식단 지침도 알았다면, 오늘부터 바로 실천할 수 있는 구체적인 식단과 레시피가 필요하겠지요? 까다로운 가이드라인에 딱 맞으면서도 실용적이고 맛있는 음식! 이 쉽지 않은 개발을 공동저자인 건강 요리 연구팀 더 라이트의 메뉴 개발팀이 멋지게 해냈습니다. 시식회를 할 때마다 가이드라인을 철저히 준수하면서도 이렇게 맛있게 요리할 수 있다는 것에 감탄했지요. 첫 탄 〈뱃살 잡는 Low GL 다이어트 요리책〉이 한 그릇 음식 위주로 레시피를 소개했다면, 이 책은 한국인의 식생활에 딱 맞게 식단과 함께 레시피를 제공해 활용도를 높였으니 더 많은 독자 여러분의 건강을 확실하게 지켜드릴 수 있지 않을까 생각합니다.

끝으로 어려운 작업을 끝까지 함께 해준 공동저자 더 라이트 팀과 이론편 집필을 도와준 풀무원 식생활연구실 김양희 임상영양사, 그리고 GL 연구와 '2·1·1 식단'이 세상에 나올 수 있도록 항상 믿고 후원해주신 총괄CEO님 이하 풀무원 가족 여러분들께 깊은 감사 인사 드립니다.

공동저자 풀무원 식생활연구실장, 영양학 박사 남기선

Contents

이론편

바로 알고 건강하게 관리하세요!

대사증후군 예방, 관리법

76p
현미밥 + 낫토양념장을 곁들인 연두부와 방울토마토 + 참나물 들깨무침

기본 레슨

레시피편

그대로 따라 하면 달라져요!

대사증후군 잡는 2·1·1 식단

간편한 아침

Contents

활력을 주는 점심

126p
해초비빔밥

164p

당근밥
+
매콤 청경채볶음
+
닭가슴살 유린기

포만감이 좋은 저녁

이론편

Metabolic

Syndrome

바로 알고 건강하게 관리하세요!

대사증후군 예방, 관리법

대사증후군, 다소 생소하고 어렵게 들릴 수 있겠지만
인간수명 100세 시대에 건강하게 장수하기 위해서는 꼭 알고 관리해야 합니다.
특히 우리나라의 경우, 30세 이상 성인의 30%가 대사증후군일 정도로 그 발병률이 높습니다.
당장 몸으로 느끼는 통증이 없다고 간과하면 당뇨병이나 심혈관질환 등으로 이행되어
생명까지 위협할 수 있으니 관심을 가지고 관리해야 하지요.
그렇다면 어떻게, 이 대사증후군을 예방하고 관리할 수 있을까요?
몸에 좋다는 음식을 찾아 먹고, 건강에 안 좋다는 음식만 가려 먹는 것으로 가능할까요?
대사증후군을 잡으려면 실생활에서 꾸준히 실천 가능한 식사법을 알아야 합니다.
그것이 바로 Low GL 식사법이고, 이 Low GL 식사법을
일상 생활에서 가장 쉽게 실천할 수 있는 방법이 2·1·1 식단입니다.

고민하지 말고 그대로 따라 해보세요.
비정상적이었던 수치가 정상으로 돌아오고, 몸도 마음도 가벼워질 거예요.

PART 01

대사증후군의 이해

"몸이 보내는 경고를 지나치지 마세요!"

대사증후군이란?

대사증후군은 심근경색이나 뇌졸중의 위험성이 큰 '상태'입니다. 이 상태를 방치하면 생명을 위협하는 질병으로 이행될 가능성이 크므로 적극적으로 예방, 관리할 수 있도록 세계보건기구(WHO)에서 '대사증후군'이라 이름 붙이고 본격적으로 관리하고 있어요.

'Syndrome X', 대사증후군(Metabolic syndrome)

1923년부터 관상동맥질환(심근경색, 뇌졸중, 협심증 등)의 주요 위험요인들의 공통적인 특성에 대한 연구가 이어져왔습니다. 하지만 실제 대사증후군이 수면 위로 올라오게 된 계기는 1988년 미국 당뇨병학회에서 한 교수가 이러한 증상을 통칭해 'Syndrome X'로 소개하면서부터입니다. 레벤 교수는 그 공통 원인이 인슐린저항성(16쪽 참고)이며, 이 증후군이 당뇨병과 심혈관질환의 위험도를 높인다는 가설을 제시했습니다. 이후 여러 이름으로 의사들 사이에서 언급되다가 마침내 1998년, 세계보건기구(WHO)에서 이를 '대사증후군'으로 공식화하고, 그 정의와 5가지 진단 기준(복부비만, 혈압상승, 혈당상승, 고중성지방, 저HDL콜레스테롤 중 3가지 이상 해당되는 경우)을 제시함으로써 본격적으로 전 세계적으로 대사증후군의 예방, 관리에 힘쓰게 되었습니다.

우리나라 30세 이상 3명 중 1명은 대사증후군

국민건강영양조사 결과를 분석한 자료에 따르면 우리나라 대사증후군 유병률은 약 10년 동안 1998년 24.9%, 2001년 29.2%, 2005년 30.4%, 2007년 31.3%로 지속적으로 증가하고 있습니다. 또한 30세 이상 성인의 대사증후군 유병률은 28.8%인데, 남성 31.9%, 여성 25.6%로 남성에게서 더 높아요. 전체적으로 30세 이상 성인의 3명 중 1명은 대사증후군에 속해 있다고 할 수 있습니다. 특히 대사증후군 진단 기준 5개 요소 중 1개 이상 기준치를 초과한 비율은 73.7%로 아주 높은 상황입니다.

대사증후군 : 여러 가지 체내 대사와 관련된 이상 증상이 함께 나타나는 것으로 복부비만과 함께 혈압, 혈당 또는 중성지방이 정상치보다 높거나 HDL 콜레스테롤이 저하되어 심근경색이나 뇌졸중의 위험이 높아진 상태.

30세 이상 성인의 대사증후군 유병률

자료 : 보건복지부 통계(2007~2010)

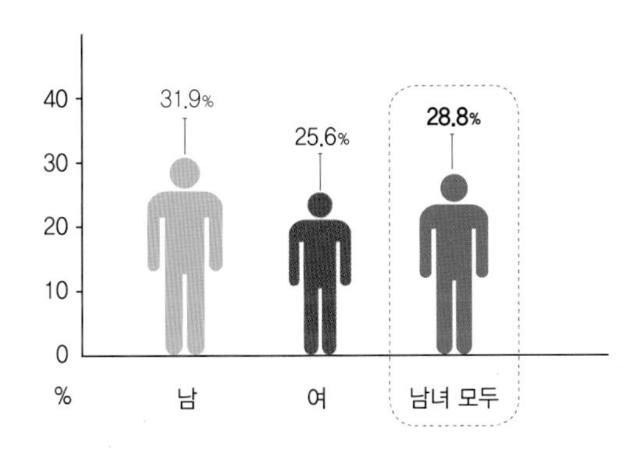

30세 이상 성인의 대사증후군 구성요소 1개 이상 보유자

자료 : 보건복지부 통계(2007~2010)

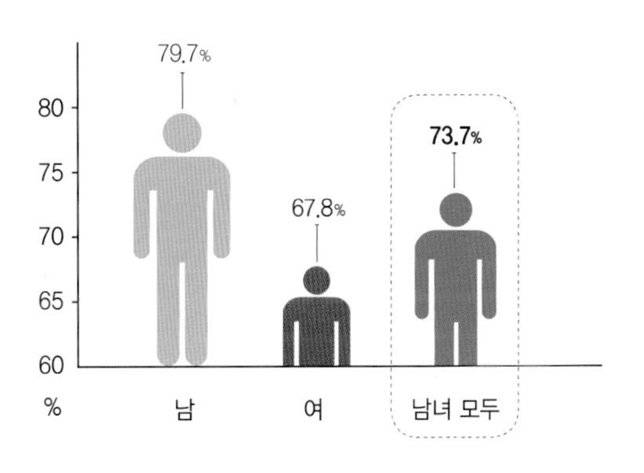

대사증후군 진단 기준

아래 5가지 기준 중 3가지 이상이 해당되면 대사증후군으로 진단합니다.
하지만 1~2개만 해당되더라도 안심할 것이 아니라
대사증후군으로 이행되지 않도록 관리를 시작해야 합니다.

건강검진을 통한 진단

값비싼 종합 검진뿐만 아니라 일반적인 건강검진으로도
대사증후군에 해당하는 요소들을 검사할 수 있어요.
일반 건강검진은 국민건강보험관리공단에서 실시하며
1,2차 검진으로 나눠 진행됩니다. 지정된 검진기관이라면
전국 어디서나 받을 수 있으니 참고하세요.
(아래 5가지 기준 중 3가지 이상 해당 시 대사증후군으로 판정)

Note

허리둘레 정확히 측정하기

갈비뼈 가장 아래 위치와
골반의 가장 높은 위치의 중간 부위를
줄자가 피부를 누르지 않도록 하며
0.1cm 단위까지 측정하세요.

☑ 복부비만

허리둘레 남자 90cm 이상, 여자 85cm 이상

☑ 고혈압

최고 혈압 130mmHg, 최저 혈압 85mmHg 이상이거나
고혈압 치료약 복용자

☑ 좋은 콜레스테롤(HDL) 감소

HDL이 남자는 40mg/dL, 여자는 50mg/dL 미만이거나
이상지질혈증 치료약 복용자

HDL 콜레스테롤 : 심혈관질환 예방 효과를 갖는 좋은 콜레스테롤

☑ 중성지방 과다

중성지방이 150mg/dL 이상이거나 이상지질혈증 치료약 복용자

☑ 고혈당

공복 혈당이 100mg/dL 이상이거나 당뇨병 치료약 복용자

생활습관 체크를 통한 진단

아래 문항 중 평소 나의 습관을 체크해 대사증후군 위험도를 예측 해보세요.**(체크한 항목이 많을 수록 위험도가 높음)**

- [ ] 아침 식사는 잘 안 하는 편이다.
- [ ] 아침 식사를 간단히 커피 한 잔으로 때운다.
- [ ] 한 끼 식사 시간이 10분도 걸리지 않을 정도로 엄청 빨리 먹는다.
- [ ] 저녁 외식 모임이 있는 경우 점심 끼니를 간단히 때우고 폭식을 한다.
- [ ] 과식을 한 경우 죄책감에 다음 끼니를 거른다.
- [ ] 기름진 고기(삼겹살, 갈비 등)를 자주 섭취한다.
- [ ] 야식으로 기름진 음식(치킨, 라면, 피자 등)을 먹는 편이다.
- [ ] 평소 군것질을 좋아하고 특히 과자, 케이크, 믹스커피 등 단 것을 즐겨 먹는다.
- [ ] 무설탕, '콜레스테롤 함유 0'으로 표시가 된 간식은 먹어도 좋다고 생각한다.
- [ ] 건강 음료나 스포츠 이온음료는 열량이 없다고 생각해 물 대신 마신다.
- [ ] 밥은 열량이 높으므로 술자리에서는 가급적 식사는 안하고 술과 고기 위주로 먹는다.
- [ ] 채소는 고기 먹을 때만 먹는 경우가 많고 평소에는 김치 말고는 별로 안 먹는다.
- [ ] 주로 밥과 김치, 절임류로 식사를 한다. 고기, 생선, 달걀, 콩, 두부를 매 끼니 먹지는 않는다.
- [ ] 짜게 먹는 편이다.
- [ ] 국 없인 밥을 못 먹는다.
- [ ] 식사를 할 때 국물도 남김 없이 반찬도 남김 없이 깨끗하게 비우는 편이다.
- [ ] 평소 계단보다는 엘리베이터, 에스컬레이터를 이용하는 편이다.
- [ ] 평소 계단을 오를 때면 숨이 쉽게 차오른다.
- [ ] 식사 후 아무 활동 없이 바로 자리에 앉거나 누워 있을 때가 많다.
- [ ] 저녁에 TV, 스마트폰을 보느라 늦게 잠자리에 들기 일쑤다.
- [ ] 술, 담배를 절제하지 못한다.
- [ ] 술은 혈액순환에 좋고 잠을 잘 자게 한다는 생각으로 자주 마신다.
- [ ] 담배는 완전히 끊기 어렵다는 생각으로 조금만 피운다.
- [ ] 스트레스를 많이 받아 괴롭다.
- [ ] 스트레스를 받을 때는 먹는 것으로 푼다.
- [ ] 스트레스를 너무 많이 받아 술, 담배를 끊을 수가 없다.

대사증후군, 왜 위험할까?

대사증후군은 그 자체보다도 이로 인해 발생하는 혈관질환과 혈액순환 장애로 유발되는 합병증을 더 조심해야 합니다. 또한 심혈관질환이나 당뇨병, 중풍을 앓게 될 가능성이 높아 마치 시한폭탄을 안고 사는 것과 다름없으니 꾸준히 관리해야 해요.

소리 없이 다가오는 대사증후군

요즘은 국민건강보험공단이나 직장 또는 개인적으로 건강검진을 많이 받고 있어 대사증후군 진단을 받거나 위험요인을 알고 있는 분들이 많습니다. 그러나 대사증후군 진단을 받은 분들이라도 처음에는 별다른 증상이 없기 때문에 적극적으로 치료하지 않고 방치하다가 결국 심근경색증이나 뇌졸중까지 이르곤 합니다.
물론 당뇨병이나 고혈압, 이상지질혈증과 같은 질환들도 초기에는 증상을 못 느끼는 경우가 많아서 병의 심각성을 모르고 방심하는 경우도 많습니다. 진단을 받을 때는 잠시 개선해야겠다는 생각을 하지만, 실제로 의지를 갖고 꾸준히 노력하는 사람들은 많지 않은 것이죠. 결국 합병증을 얻어 몸이 힘들어진 뒤에야 후회하며 병원을 찾게 됩니다.

당뇨병, 심혈관질환, 암까지!

실제로 핀란드에서 심혈관질환이 없는 1,209명의 남성을 11.4년간 추적 관찰한 결과, 대사증후군을 갖고 있는 사람들이 후에 관상동맥질환에 의해 사망할 위험이 정상인에 비해 3.8배나 높았다고 합니다. 또한 홍콩에서는 1,679명의 사람들을 6.2년 동안 추적한 결과, 대사증후군으로 인한 당뇨병 발생 위험이 4.1배 더 높았던 것으로 보고되었습니다.
이처럼 대사증후군을 치료하지 않을 경우 발생하는 가장 큰 합병증은 바로 협심증과 심근경색 등의 심혈관질환입니다. 또한 대사증후군이 있으면 당뇨병이 발병할 확률도 매우 높아집니다. 대사증후군은 여러 요인이 복합적으로 관여해 생기지만, 특히 핵심적인 것은 인슐린저항성(16쪽 참고)이며, 인슐린저항성은 제2형 당뇨병(인슐린 분비가 선천적으로 잘 안 되는 제1형 당뇨병과 달리 후천적으로 혈당 조절이 안돼 발생하는 당뇨병)으로 진행되는 데 아주 중요한 요인입니다.
대사증후군은 암과도 밀접한 관련이 있습니다. 서구화된 생활습관과 식습관으로 인해 비만이 되고 또 이로 인해 대사증후군으로 판정되는 사람이 많아지면서 특히 유방암, 대장암 등 암 발생 위험도 함께 높아지고 있습니다.

Note

대사증후군, 성인들만의 문제일까요?

우리나라 12~19세 청소년의 대사증후군 유병률을 보면, 1998년 4.0%였던 수치가 2007년 7.8%로 두 배 가까이 급증했습니다. 그 원인은 점점 서구화되어가는 식습관과 운동 부족, 학업 스트레스 때문인 것으로 추정됩니다. 남녀노소를 막론하고 누구라도 대사증후군에 해당될 가능성이 높은 만큼 대사증후군의 원인과 위험성에 대하여 정확히 이해하고 효과적으로 대처해 나가야 합니다.

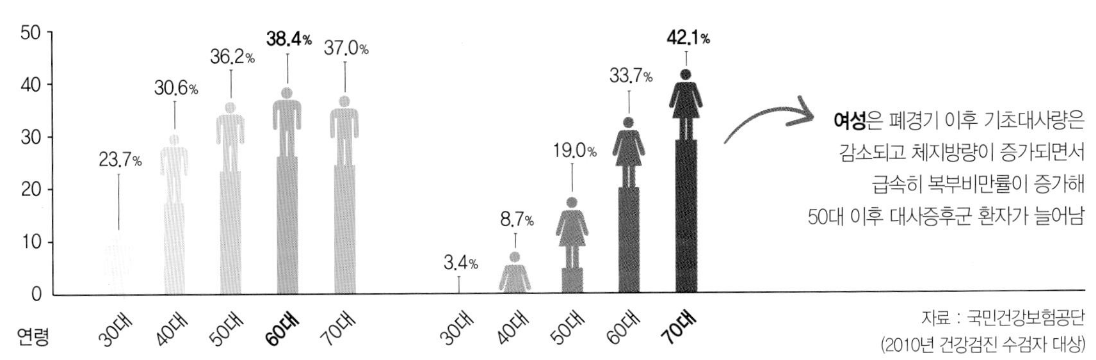

자료 : 국민건강보험공단
(2010년 건강검진 수검자 대상)

대사증후군의 가장 큰 원인은?

대사증후군의 위험요인으로는 복부비만, 인슐린저항성, 과다한 열량 섭취, 부족한 신체활동 등이 있으며, 그 외 환경적, 사회경제적, 심리적 요인도 관계가 있는 것으로 알려져 있습니다.
이 중 대사증후군을 일으키는 가장 큰 원인은 바로 복부비만과 인슐린저항성입니다.

복부비만

흰쌀밥, 짜게 먹는 식습관은 물론, 과자, 빵, 믹스커피를 좋아하는 한국인은 탄수화물 섭취량이 많을 수밖에 없지요. 이렇게 정제된 탄수화물을 다량 섭취하면 탄수화물은 에너지로 쓰고도 남아 체내에서 중성지방으로 바뀌어 고스란히 내장지방이 됩니다. 탄수화물뿐만 아니라 고열량식, 운동 부족 등도 복부비만의 원인입니다.

인슐린저항성

복부비만과 이를 유발하는 좋지 않은 생활 습관이 오래 지속되면 우리 몸이 인슐린에 반응하는 능력이 떨어져 혈당이 세포로 이동할 수 없게 됩니다. 이런 상태를 '인슐린저항성이 생겼다'고 합니다. 인슐린저항성이 생기면, 혈당이 세포로 들어가 쓰이지 못해 혈당은 계속 상승하고, 췌장은 더 많은 인슐린을 분비해 이를 극복하려고 애쓰게 되어 결국 고인슐린혈증을 초래합니다. 이는 대사증후군은 물론 제2형 당뇨병의 원인이 되지요.

Note

인슐린

음식을 섭취하면 우리 몸의 췌장에서는 인슐린이라는 호르몬이 분비됩니다. 인슐린은 혈액 속 포도당을 세포로 가져가 에너지원으로 쓰이게 유도하며, 혈당을 일정하게 유지시키지요. 또한 지방, 단백질 등의 합성을 돕고 지방조직에서 지방 분해를 억제해 체내 에너지를 축적하는 데 도움을 줍니다. 이렇게 인슐린은 탄수화물, 단백질, 지방 등 에너지 대사에 모두 관여하므로 매우 중요한 호르몬입니다.

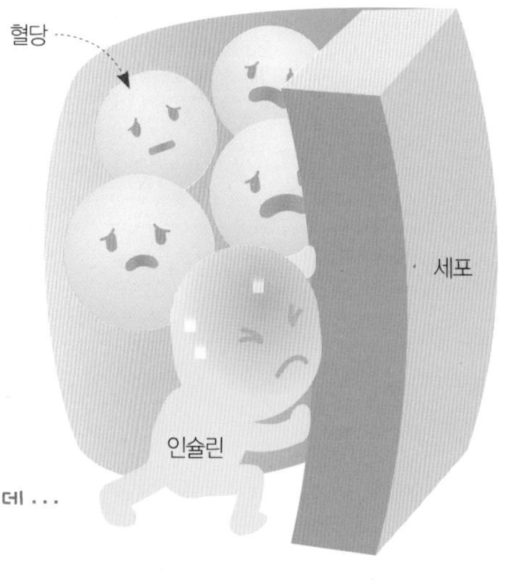

일러스트 조라

인슐린저항성을 잡아라!

인슐린저항성은 탄수화물(혈당)과 밀접한 관련이 있으므로 탄수화물의 양과 질을 고려한 식습관이 중요해요. 음식 섭취 후 혈당 변화를 'GL(Glycemic Load)'이라고 하는데, GL이 높은 식사는 고인슐린혈증, 인슐린저항성을 초래할 수 있으니 대사증후군 예방, 관리를 위해 GL이 낮은, Low GL 식사를 권합니다(Part 2 참고).

인슐린저항성과 대사증후군의 악순환

인슐린저항성에 의해 생긴 대사증후군은 다시 인슐린저항성을 악화시킵니다. 인슐린저항성은 대사증후군의 주요 원인이고 동시에 여러 대사 경로와 연계되어 있어 다른 질환의 발생 위험도 증가시킨답니다. 이처럼 인슐린저항성과 대사증후군은 떼려야 뗄 수 없기 때문에 두 가지 모두 관심을 가지고 관리해야 합니다.

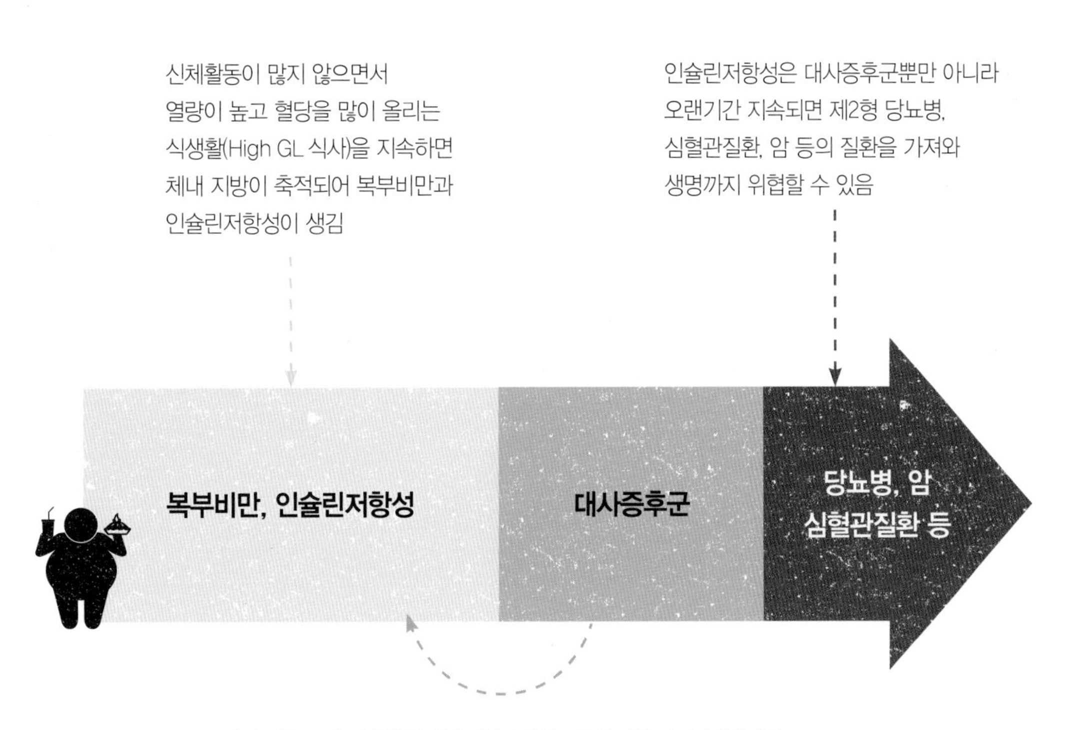

PART 02

대사증후군의 예방, 관리

"균형 식사, 운동, 절제가 기본입니다!"

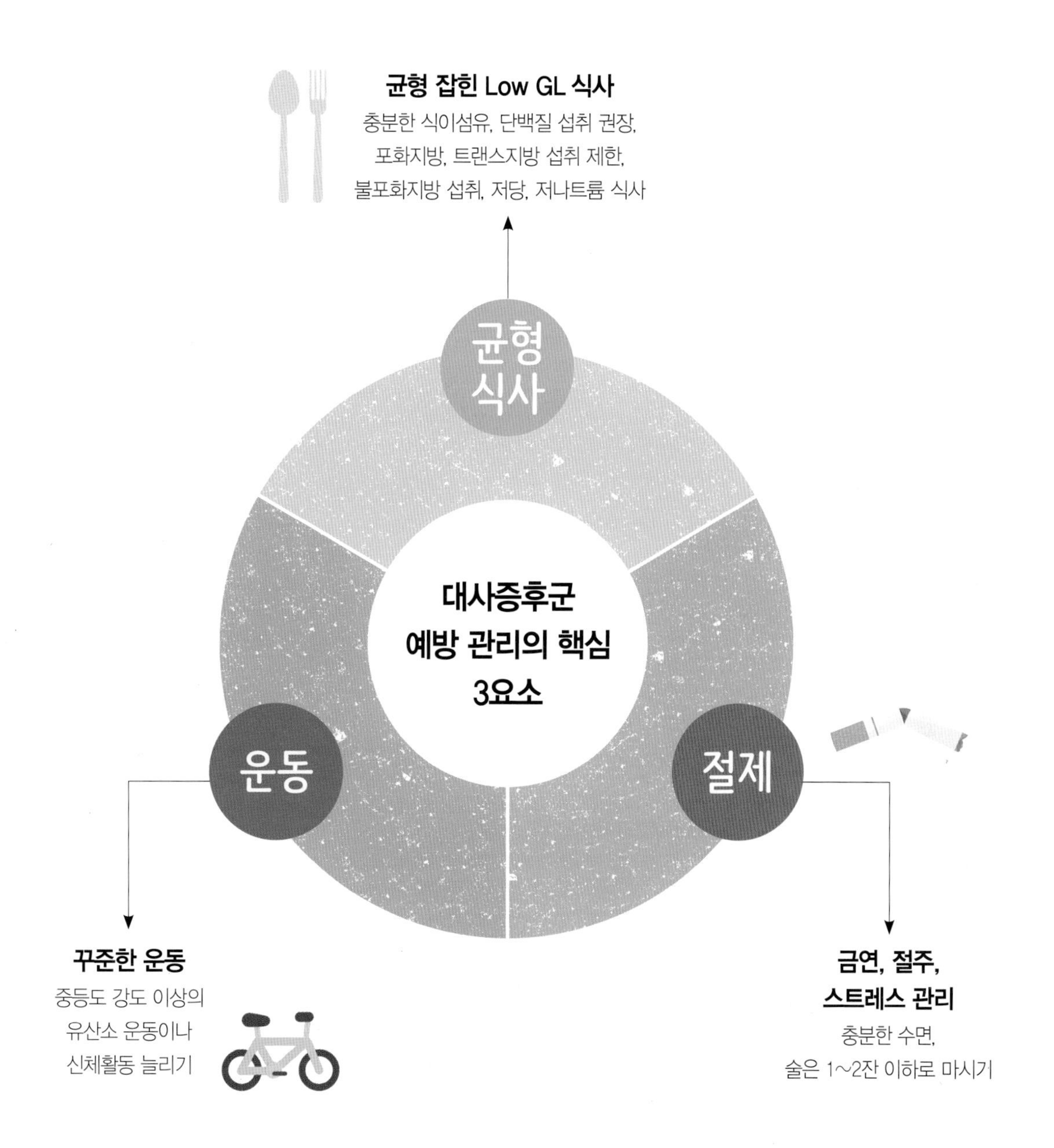
균형 잡힌 Low GL 식사
충분한 식이섬유, 단백질 섭취 권장,
포화지방, 트랜스지방 섭취 제한,
불포화지방 섭취, 저당, 저나트륨 식사
균형
식사
대사증후군
예방 관리의 핵심
3요소
운동
절제
꾸준한 운동
중등도 강도 이상의
유산소 운동이나
신체활동 늘리기
금연, 절주,
스트레스 관리
충분한 수면,
술은 1~2잔 이하로 마시기

균형 잡힌 Low GL 식사

복부비만으로부터 시작된다고 해도 과언이 아닌 대사증후군의 예방 및 관리에 무엇보다 가장 중요한 것은 식습관, 식사 조절입니다. 그렇다면, 어떻게 식사 관리를 해야 대사증후군을 예방, 개선할 수 있을까요?

GL이란?

GL(Glycemic Load)은 식품 섭취 후의 혈당 부하(변화)를 말합니다. 대사증후군의 근본 원인이 되는 인슐린저항성과 복부비만을 개선하려면 식후 혈당을 많이 올리지 않고 인슐린이 과다 분비되지 않도록 하는 식사를 해야 합니다. 그것이 바로 GL이 낮은 식사, 즉 Low GL 식사입니다. Low GL 식사는 혈당을 큰 변화 없이 안정적으로 유지함으로써 포만감을 주고 식욕을 조절하게 해줍니다. 체중관리, 혈압관리, 혈청지질관리, 혈당관리가 필요한 대사증후군 예방과 관리에 탁월한 식사법이지요.

GL은 아래와 같은 식으로 계산할 수 있어요.

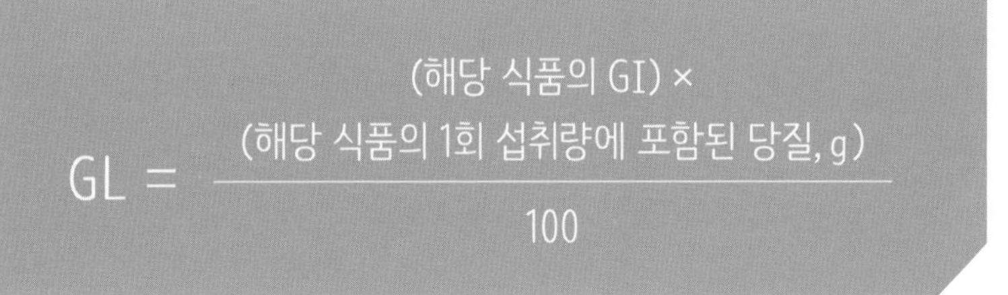

$$\text{GL} = \frac{(\text{해당 식품의 GI}) \times (\text{해당 식품의 1회 섭취량에 포함된 당질, g})}{100}$$

여기서 GI(Glycemic Index, 혈당 지수)는 식품에 함유된 탄수화물이 얼마나 빠르게 소화·흡수되어 혈당 농도를 높일 수 있는지 알려주는 지표입니다. 그런데 GI는 1회 섭취량을 고려하지 않아 실제로 식생활에 적용하기가 어렵습니다. 그래서 GI에 식품의 1회 섭취량을 고려한 GL이 더 적절한 것이지요.
예를 들어 수박은 그 달콤함에 비례해 당류가 많이 함유되어 있어요. 하지만 수분이 많아 한두 쪽 정도밖에 먹지 못하죠. 그래서 수박의 GI는 높지만 GL은 낮답니다.
즉 GI가 식품의 탄수화물과 혈당에 대한 1차적인 정보를 주는 지수라면 GL은 실제 섭취량을 고려해 계산한 것으로, 해당 식품이 혈당에 미치는 영향을 더 현실적으로 예측할 수 있어요.
하지만 GL수치는 열량이나 나트륨 수치처럼 식품성분표에 표시되지 않아 실생활에서 활용하기 어려운 부분이 있습니다. 식품의 GL수치를 모르더라도 손쉽게 Low GL 식사를 할 수 있는 방법이 채소와 단백질 식품, 통곡물을 2:1:1 비율로 먹는 2·1·1 식단입니다(Part 3. 34쪽 참고).

*** 수박 GI와 GL**

수박 GI = 72
수박에 탄수화물이 50g 함유되어 있는 8조각 분량을 먹었을 때의 혈당 상승력 = 72

수박 GL = 4
수박의 1회 섭취량인 1조각 (120g, 탄수화물 함량 6g)을 먹었을 때의 혈당 상승력 = 4

High GL과 인슐린저항성, 그리고 대사증후군

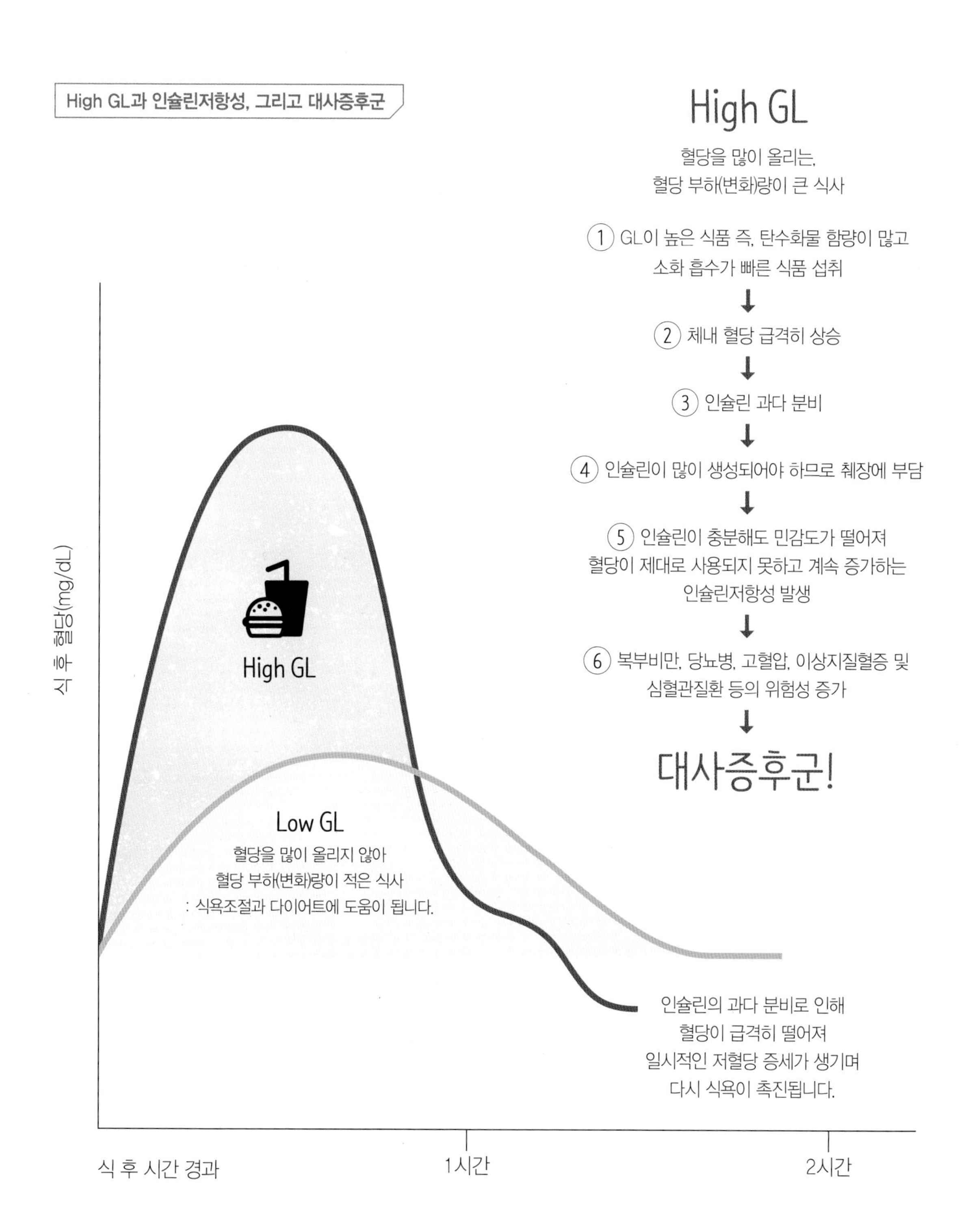

Low GL 식사, 권장하는 식재료

채소와 식물성 단백질 식품, 불포화지방 등 GL을 낮추는 식품을 드세요.
유사한 특징을 가진 식품군 내에서도 GI(혈당 지수)가 낮은 식품이 좋아요.

통곡물
도정하지 않은 통곡물
(현미, 통밀, 보리 등)을
이용해요.

**전분이 적은 채소
(엽채류, 오이 등)**
식이섬유가 풍부한 채소는
혈당 상승을 억제하므로
충분히 드세요.

식이섬유가 풍부한 과일
과일은 의외로
탄수화물 함량이 높아요.
1회 분량 정도 섭취하세요.

**초 음료(유기산이
함유된 식품)**
혈당 상승률이 낮지만,
시판 제품은 당 함유량을
꼭 확인하세요.

지방이 적은 단백질 식품
살코기나 생선, 닭고기,
달걀 등의 고단백 식품은
GL이 낮아요.

콩, 낫토, 두부, 두유 등
단백질이 많고 적당량의
불포화지방과 식이섬유를
함유하고 있어 좋아요.

**올리고당(다른 당을
첨가하지 않은)**
소화 흡수가 안 되어
GL이 낮아요.
단맛을 더할 때 소량만
넣으세요.

**적당량의 땅콩, 호두,
아몬드 등의 견과류,
식물성 불포화지방**
GL을 낮추는 데
도움이 돼요.

사진 이지형

Low GL 식사, 주의해야 할 식재료

소화·흡수가 빠른 정제된 식품, 전분 성분이 많은 식품,
당 성분과 포화지방 함량이 높은 식품과 양념은 주의해서 사용하세요.

백미, 찹쌀, 크래커 등
정제된 탄수화물 식품은 GL이 높으니 되도록 피하세요.

전분이 많은 채소 (연근, 도라지 등)
뿌리채소처럼 전분이 많은 채소는 엽채류에 비해 GL이 높은 편이에요.

당 함량이 높고 수분이 적은 과일
GL이 높아 혈당을 빠르게 올리는 달고, 수분이 적은 과일은 주의해요.

가당 과일 주스, 탄산음료 등
당 절임한 말린 과일, 가당 음료, 탄산음료는 GL이 높아요.

지방 함량이 높은 육류, 가공육 등
포화지방 함유량이 많아 Low GL 식사에서 권장하지 않아요.

전분이 많은 두류 (완두, 녹두, 팥 등)
두류도 종류에 따라 전분 함량이 높은 것이 있으니 적당히 먹어요.

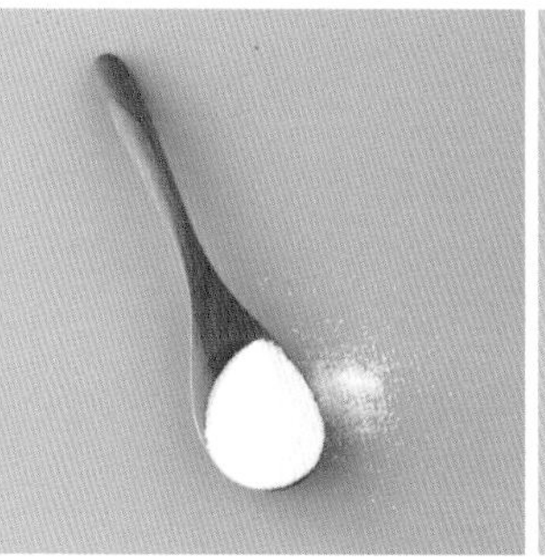

단순당(설탕)
먹으면 바로 소화·흡수되어 혈당을 올리므로 사용을 최소화하세요.

버터, 생크림 등 동물성 지방
포화지방 함유량이 많아 Low GL 식사에서 권장하지 않아요.

Low GL 식사, 권장하는 조리법

식재료가 같아도 조리 방법에 따라 혈당을 올리는 정도가 다르답니다.
다음의 방법처럼 소화·흡수가 천천히 될 수 있도록 조리하는 것이 좋아요.

껍질과 함께 조리하세요.

식물의 껍질은 식이섬유가 많아 소화를 지연시키므로 껍질째 먹을 수 있는 재료는 되도록 껍질과 함께 조리하세요.

재료는 크게 썰어요.

많이 씹으면 식사 시간을 늘릴 수 있고, 혈당을 천천히 오르게 해 GL을 낮출 수 있답니다.

채소는 생채소로 또는 살짝만 익혀 먹어요.

날것이나 덜 익힌 음식이 푹 익힌 음식보다 소화·흡수가 더뎌 혈당을 천천히 올리죠. 채소는 되도록 너무 익히지 않는 것이 좋아요.

볶는 조리법은 GL을 낮추는 데 도움을 줘요.

지방은 탄수화물의 소화·흡수를 지연시켜 혈당의 급격한 상승을 억제해요. 삶기 등의 조리법보다 적당량의 기름을 사용한 볶기, 굽기 등의 조리법을 쓰면 GL을 낮출 수 있어요.

사진 이지형

Low GL 식사, 피해야 할 조리법

소화·흡수가 빨라서 혈당을 쉽게 올리는 조리법과
지방 섭취량을 과도하게 늘리는 튀김 같은 조리법은 피하세요.

오래 익히는 조리법은 피해요.

죽과 같이 식품 입자를 작게 하며
무르게 익히는 조리법은 소화가 빨라
혈당을 급속히 올리니 피하세요.

갈거나 으깨면 GL이 높아져요.

재료를 너무 작게 갈거나 다지면
소화·흡수가 잘 되고, 혈당을 더 빨리 올려
Low GL 조리법으로 적합하지 않아요.

열을 가해 익히면 혈당이 빨리 올라가요.

푹 삶거나 오래 끓이는 조리법으로
식품 구조가 변하면 소화되기 쉬워져
GL을 높일 수 있답니다.

기름에 튀기는 조리법은 피해요.

기름에 튀기는 조리법은 지방 섭취량이
과도하게 많아질 수 있어요. 지방 산화물이나
나쁜 지방을 함유하므로 피하는 것이 좋아요.

꾸준한 운동

규칙적인 운동을 포함하여 일상생활 중의 신체활동을 늘리면 혈액 속 포도당이 근육세포 안으로 잘 흡수될 수 있도록 도와줘 대사증후군의 주요 원인인 인슐린저항성을 개선할 수 있어요.

운동도 효과적으로 하는 방법이 있다?!

충분한 운동 강도와 시간을 가지고 적어도 3개월 이상 운동 프로그램을 꾸준히 실천하면 인슐린 민감도가 개선된다는 연구 결과들이 있습니다. 장기간의 규칙적인 운동은 체성분 변화와 함께 대사증후군의 각 요소 관리에 효과적이에요.
하지만 대사증후군으로 진단받은 사람들 중 이미 심폐기능이 좋지 않은 경우도 있고, 과체중으로 무릎이나 관절에 무리가 있어 조깅이나 과격한 운동은 피해야 하는 사람들도 있습니다. 먼저 자신의 건강 상태를 확인하고 질병의 위험이 있다면 무리하지 말고 휴식을 취해가며 가볍게 운동하는 것이 좋습니다.

운동별 소모 칼로리

운동 종류	소모 칼로리(kcal/1시간)
맨손 체조	180
천천히 걷기	240 ~ 300
골프, 볼링	240 ~ 300
자전거 타기	240 ~ 300
계단 오르기	310
탁구, 배드민턴, 에어로빅	300 ~ 360
빨리 걷기, 테니스	420 ~ 480
달리기	600 ~ 660
수영	720
등산	780

준비 운동 5~10분

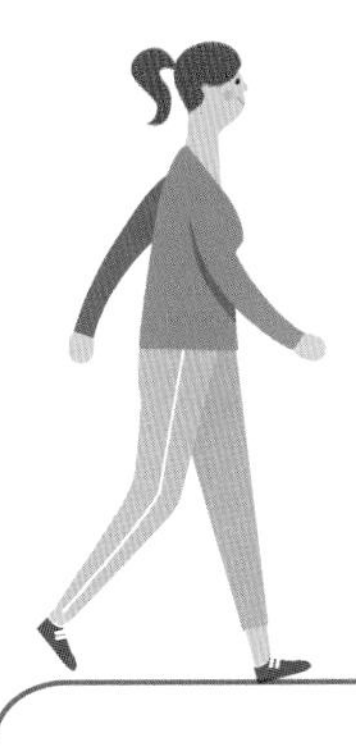

천천히 걷기, 자전거 천천히 타기,
각 관절 부드럽게 돌려주기, 스트레칭, 맨손 체조 등

몸의 적응력이 부족한 경우 협심증 등
심혈관질환의 발생 위험이 높아지고, 근육이나 관절,
인대 손상의 위험도 증가해요. 운동 전후에는
반드시 준비 운동과 정리 운동을 하는 것이 좋습니다.

본 운동 30분 이상

숨이 약간 가쁠 정도로 걷기, 조깅, 댄스, 에어로빅, 수영, 자전거 등
유산소 운동 + 약간의 피로감이 느껴지는 정도의 근육 운동

에너지를 급격히 많이 소모하는 운동(근력 운동)에 비해, 지방산을 에너지로 쓰고
에너지를 천천히 소모하는 빠르게 걷기와 같은 유산소 운동이 체지방을 줄이고
인슐린저항성을 개선시키는 데 더 도움이 됩니다.

주 5일 이상, 하루 30분 이상
유산소 운동을 실천해요!

정리 운동 5~10분

본 운동의 강도를 서서히 낮춘 후
가벼운 긴장감이 느껴지는 수준의 스트레칭

운동을 하다가 갑자기 멈추면 아래쪽에 모여 있던 혈액이
심장이나 뇌로 되돌아가는 능력이 줄게 되어 일시적인 두통이나
어지럼증을 느낄 수 있습니다. 또한 정리 운동은 운동 중에
축적된 젖산이란 피로 물질을 제거하는 데도 효과적입니다.

자세만 바르게 해도 운동 효과가 있어요!

균형있게 서 있기

① 서 있을 때 골반과 복부가 앞으로 나와있다면 우선 골반을 뒤로 젖히면서 아랫배에 힘을 줘요. 척추를 위로 쭉 늘린다는 느낌으로 가슴을 펴고 턱을 당겨 정면을 응시합니다.

② 중심을 발꿈치에 두고 체중을 좌우로 고르게 분산시키고, 귀 – 어깨 – 고관절(골반 옆 가운데) – 무릎 옆 중앙 – 복숭아뼈가 일직선이 되도록 서 있도록 노력하세요.

건강하게 앉기

① 의자 등받이를 곧게 세우고 등받이 깊숙이 엉덩이를 끼워 넣는다는 생각으로 앉아 허리를 지그시 기대세요.

② 턱은 아래로 당기고 정수리에 풍선이 달려있다고 상상하며 머리를 천장 방향으로 살짝 끌어올리고(골반을 세우고 척추를 길게 늘려요) 발은 일자로 놓거나, 약간 팔자로 놓는 것이 좋아요. 옆모습으로 보았을 때, 귀 – 어깨 –고관절이 일직선이 되어야 합니다.
* 바닥에 앉을 때에는 가급적 방석 위에 다리를 펴고 앉는 것이 좋으며 30분에 한 번씩 일어나 휜 다리와 골반 비틀림을 예방하는 것이 좋아요.

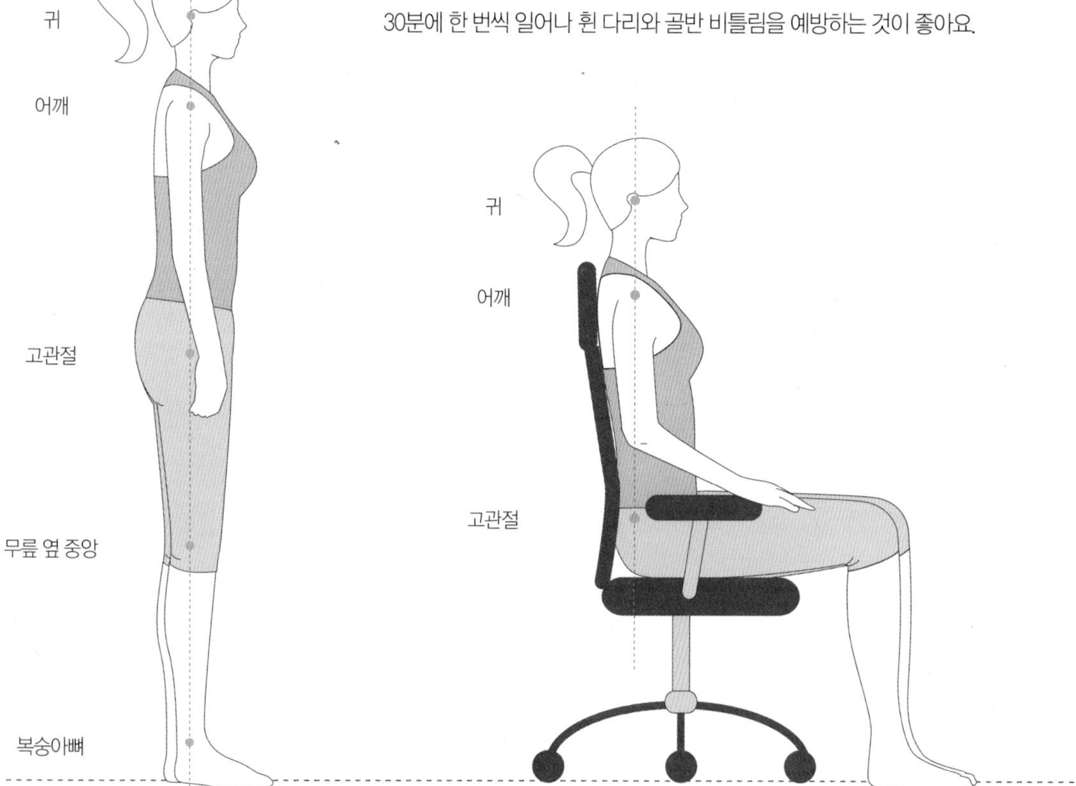

참고 사이트 : 걷기운동 실천편, 건강걷기법, (사)한국체육진흥회 참고 서적 : 〈자세교정 다이어트〉, 〈자세혁명〉

바르게 걷기

① 등줄기와 허리를 똑바로 뻗고 배의 근육을 등쪽으로 당기고 몸을 약간 앞으로 기울이고 턱은 가볍게 당깁니다.

② 시선은 10~15 미터 전방을 쳐다보며 똑바로 앞을 봅니다.

③ 발은 뒤꿈치부터 착지하고 발끝으로 지면을 차내듯이 걸어요.
* 효과적인 보폭은 신장(cm) × 0.45로 신장의 45%까지 넓게 걸을 수 있다면 이상적입니다(키가 160cm인 여성의 경우 72cm).

④ 일상생활에서 걸을 때는 가볍게 흔들지만, 빠르게 걸을 때는 팔을 90° 정도 굽혀 앞뒤로 크게 흔들면 좋아요.
* 엉덩이 근육이 잘 움직이는지 걸어가면서 확인해주면 좋습니다.

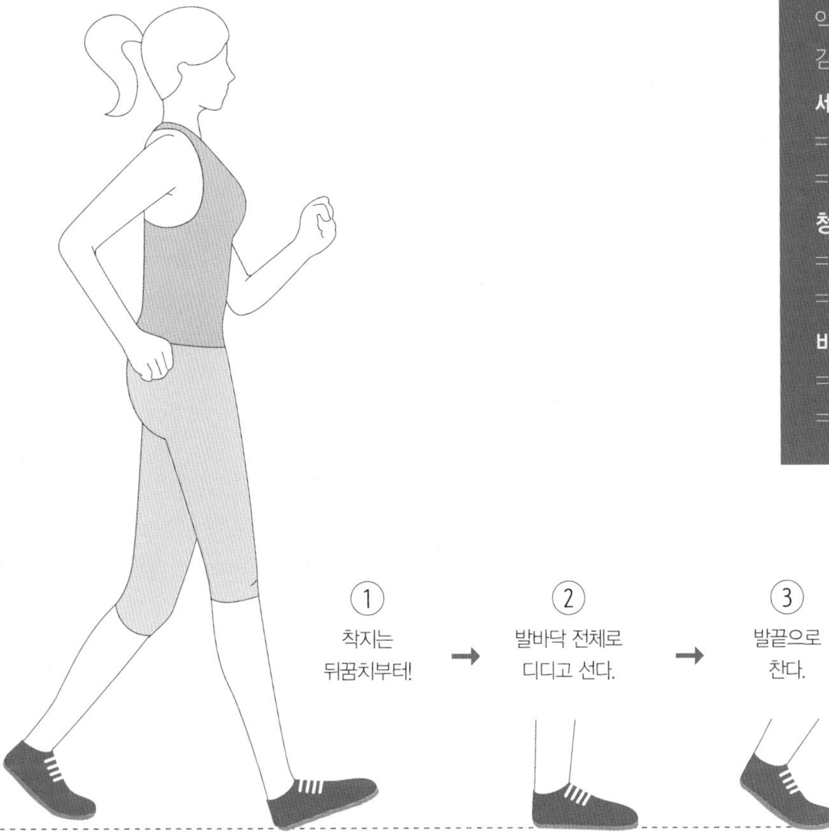

Note

일상 생활에서 할 수 있는 초간단 운동 TIP!

대중 교통을 이용해요!
직장에서 신는 신발은 따로 두고, 출퇴근 시에는 운동화를 신고 빠르게 걸으면 더욱 좋아요.

집안일도 운동이 될 수 있어요!
단 1분의 집안일이 약 72걸음을 걷는 효과가 있다는 사실! 집안일만 제대로 해도 매달 약 0.9kg 정도 체중을 감량할 수 있답니다.

세탁기 빨래 및 정리
= 148kcal/시간
= 조깅 15분

청소기 돌리기
= 175kcal/시간
= 조깅 20분

바닥 청소(대걸레)
= 259kcal/시간
= 조깅 30분

금연, 절주, 스트레스 관리 등 절제

스트레스를 받거나 흡연을 하면 코티솔 같은 스트레스 호르몬이 분비됩니다. 이 코티솔은 내장지방의 체내 축적을 자극해 복부비만이 될 수 있고 대사증후군의 원인이 될 수 있습니다.

금연

- **금연 시작일을 정하세요.**
  1~2주 정도의 준비기간 동안 주변에 흡연을 떠올릴만한 요소를 모두 없애고, 가족, 주변 동료들에게 금연을 한다고 꼭 알려둘 필요가 있습니다. 평소 흡연 습관에 따라 미리 그 상황에 이렇게 금연해야겠다는 계획을 세우면 좋아요.

- **단번에 끊어야 합니다.**
  술은 줄일 수 있어도 담배는 줄인다고 그 위험성이 사라지지 않습니다. 많은 흡연자들이 담배를 서서히 줄이려는 생각을 갖곤 하지만 대부분 금연에 실패하고 흡연을 계속 하는 경우가 많습니다. 단번에 결심해 완전히 끊으세요.

- **물과 채소를 충분히 섭취합니다.**
  입안이 마르고 갈증이 나면 흡연에 대한 욕구가 강해집니다. 물을 많이 마시면 니코틴 배설도 촉진되고 금단증상을 완화시켜 줍니다. 또한 껌을 씹으면 스트레스를 줄일 수도 있고 침 분비를 촉진해 입안을 마르지 않게 하죠. 열량이 적고 포만감을 주는 채소를 미리 썰어 두거나 견과류 등을 옆에 두고 입이 심심할 때마다 먹어도 좋아요.

- **금단증상이 있을 때는 도움을 청하세요.**
  금단증상은 금연 후 1주 이내에 최고조에 이르며 2~4주 동안 지속되며 개인에 따라 수개월간 지속될 수 있습니다. 병원이나 보건소 등의 금연클리닉에서 금단증상을 완화시켜 주는 치료를 병행할 수 있으므로 도움을 얻는 것도 좋아요.

절주

- **끊는 것이 좋지만 어렵다면 하루 1~2잔만!**
  대사증후군 환자의 경우 심혈관질환 예방을 위하여 하루 남성 2잔, 여성 1잔 이하로 절주하세요. 여기서 술 한 잔은 알코올 10g을 함유하고 있는 정도입니다.

- **고열량, 고지방의 술안주 섭취는 피합니다.**
  술은 식욕을 증진시키고 지방 함량이 많은 고열량 음식을 더 선호하게 만들어요.

- **물은 충분히 마십니다.**
  상대적으로 술 섭취량을 줄일 수 있고, 소변 배출을 위해 화장실을 자주 가게 돼 음주량을 줄이는데 도움이 됩니다.

- **도수가 낮은 술도 문제입니다.**
  도수는 낮지만 과즙과 향을 첨가한 술은 열량과 당 함량이 가장 높으니 주의하세요.

스트레스 관리

- **규칙적으로 운동하세요.**
  운동은 스트레스로 인한 몸의 긴장을 해소시킴으로써 스트레스 반응으로 유발되는 대사증후군 위험을 감소시킬 수 있습니다.

- **6~8시간 수면을 취해요.**
  불면증과 같은 수면장애가 지속되면 스트레스와 감염에 대한 저항력이 감소되어 신체질환이 유발될 수 있으므로 하루 6~8시간 충분히 잠을 자도록 해요.

- **균형있는 식습관을 실천하세요.**
  스트레스가 증가하면 체내에서는 이를 대처하기 위해 비타민과 무기질 등의 소모량도 많아지므로 비타민과 무기질이 풍부한 음식을 충분히 섭취해야 합니다.

Note

건강을 위해 하루 알코올의 양을 남성은 약 20g, 여성은 약 10g 이하로 제한할 것을 권해요!

알코올 양 계산법 순수 알코올 양(g) = 술의 양(㎖) × 알코올 도수(%) × 0.8(알코올의 비중)

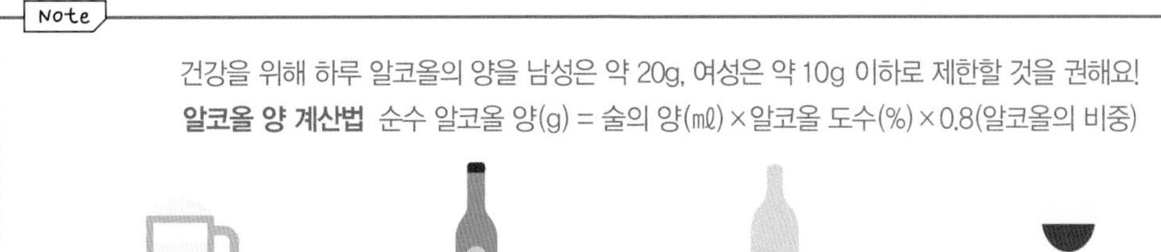

맥주 1캔	소주 1잔	막걸리 1잔	와인 1잔
(355㎖) × 4 × 0.8 = 11.4g	(50㎖) × 20 × 0.8 = 8g	(200㎖) × 6 × 0.8 = 9.6g	(150㎖) × 12 × 0.8 = 14.4g

PART 03

Low GL 식사를 위한 2·1·1 식단 짜기

"쉽고 맛있게 실천하세요!"

대사증후군 잡는 Low GL 식사의 기준

대사증후군을 예방, 관리하려면 음식을 얼만큼 섭취해야 할까요? 한국인의 식생활을 고려하면서 꾸준히 실천할 수 있는 기준은 없을까요? 이 책에서는 일상식에서 1일 80eGL 이하로 섭취하고, Low GL 식사를 방해하는 나트륨은 1일 2,000mg(소금 5g) 이하로 섭취할 것을 제안합니다.

평소대로 먹으면? 180GL

한국인은 밥을 포함해 총 섭취 열량의 65% 이상을 탄수화물로부터 얻기 때문에 현재 평균 180GL 이상 섭취하고 있어요. 탄수화물 섭취량을 줄이고 충분한 식이섬유소 섭취와 함께 영양 균형식을 실천하면 1일 80GL, 어렵지 않아요!

나트륨은 대사증후군뿐만 아니라 공공의 적!

나트륨 성분은 Low GL 식사를 방해해 대사증후군 관리 시 꼭 신경써야 합니다. 또한 나트륨은 수분을 끌어당기고 보유하려는 성질을 가지고 있어 고혈압, 부종, 신장, 심장질환의 위험을 증가시킬 수 있습니다. 나트륨 섭취는 세계 보건기구(WHO)에서 권장하는 2,000mg(소금 5g) 이내로 줄이도록 하세요.

1일 식단 GL 기준

Note

eGL?

이 책의 메뉴나 식품은 GL 예측 값으로 estimated(추측의) 약자인 e를 붙여 eGL로 표시했습니다. GL은 실제 식품 섭취 후 실험을 통해 혈당 변화량을 측정해야 하지만, 임상 실험을 통해 개발한 GL 산출식으로 실측 값이 아닌 추정 값을 구해 eGL로 표시했어요(특허 제1617389호). eGL 값이 크면 혈당을 많이 올릴 수 있다는 뜻이에요.

Low GL, 2·1·1 로 실천하면 쉬워요!

대사증후군 예방 및 관리를 위해 제안한 Low GL 식사를
일상에서 쉽게 실천할 수 있도록 구성한 것이 바로 2·1·1 식단입니다.

*** 2·1·1 식단이란?**
적당한 크기의 접시 반을 채소로, 나머지 반을 2등분해 각각 단백질 식품과 통곡물로 담아 차리는
황금 비율이에요(다양한 색의 채소 : 저지방 고단백질 식품 : 통곡물 = 2:1:1).

채소 2 : 단백질 식품 1 : 통곡물 1

채소 2

식이섬유가 충분해 GL을
낮추는데 도움이 되고,
항산화 비타민과 무기질,
파이토케미컬 등이 풍부하여
대사증후군의 위험 요인인
각종 염증반응을 줄이는데
효과적인 채소는 '2' 만큼!

익힌 채소(나물, 채소볶음…)와
생채소(쌈, 샐러드, 무침…) 등
**한 끼를 기준으로
150~200g 정도 섭취**합니다.
과일은 채소보다 당분 함량이
많으므로 간식으로
적당량 드시는 것이 좋아요.

단백질 식품 1

우리 몸을 구성하는 성분으로
체내 대사를 조절하고
질병과 싸우는 힘을 주는 단백질.
심혈관질환 발병 위험을 줄이기
위해 포화지방이 적게 들어 있는
저지방 단백질 식품으로 '1' 만큼!

살코기 육류(돼지고기 안심, 쇠고기
안심, 닭가슴살, 닭안심 등)나
콩, 두부, 달걀 등으로
한 끼에 100g 정도 섭취합니다.
지방은 견과류와 식물성 기름으로
보충해요.

통곡물 1

매끼 빠지지 않는
밥과 같은 탄수화물 식품은
도정을 덜하여 거칠게 느껴지는
통곡물을 '1' 만큼!

통곡물은 식이섬유와 비타민 B가
풍부하여 영양적으로 균형 잡힌
Low GL 식사를 완성해줘요.
통곡물밥은 **한 끼에
약 1/2~2/3공기(100~140g)**
분량을 먹는다고 생각하면 쉬워요.

대사증후군 잡는 식사 습관, 이것만은 꼭 지키세요!

Low GL 식사 —— 대사증후군의 근본 원인이 되는 인슐린저항성과 복부비만을 개선하기 위해 Low GL 식사를 실천하세요! Low GL 식사는 식후 혈당을 많이 올리지 않아 인슐린이 과다 분비될 필요가 없고, 혈당이 큰 변화 없이 안정적으로 유지됩니다. 이를 통해 포만감이 유지되고 식욕 조절에 도움이 되어 체중관리, 혈압관리, 혈청지질관리, 혈당관리를 할 수 있어요. *2·1·1 식단을 구성 할 때는 22~25쪽의 권장하는 Low GL 식재료, Low GL 조리법을 참고하세요.

규칙적인 식사 —— 일정한 시간에 정해진 양을 규칙적으로 먹는 것은 인슐린 조절에 도움을 주죠. 특히 아침식사를 꼭 챙기고 결식으로 인해 폭식이 유발되지 않도록 주의하세요.

천천히 꼭꼭 씹어 먹는 식사 —— 포만감을 느끼려면 식사를 시작한 후 20~30분 이상의 시간이 필요해요. 천천히 먹되 오래 씹어 먹으면 포만감을 느끼게 되어 과식을 예방할 수 있어요.

균형 잡힌 식사 —— 탄수화물, 단백질, 지방의 균형적인 섭취도 중요해요. 식이섬유 또한 충분히 섭취해야 하므로 잡곡, 채소, 해조류, 버섯류를 요리에 많이 활용하세요.

몸에 좋은 지방 섭취 —— 포화지방과 트랜스지방 섭취는 제한하고, 몸에 좋은 불포화지방을 섭취하세요. 견과류, 들기름 등을 이용하여 불포화지방의 균형을 맞추고, 오메가-3 지방산이 풍부한 등푸른생선은 주 2~3회 섭취하는 것이 좋아요.

싱겁게 먹는 식사 — 짜게 먹는 습관은 혈압을 높이고 신장에 부담을 줄뿐만 아니라 입맛을 자극해 과식을 유도하여 섭취 열량을 높일 수 있어요. 하루 소금 5g(나트륨 2,000mg) 이내로 섭취하도록 노력하세요.

고열량, 고지방 식품 제한 —— 당분과 기름기가 많고 열량이 높은 음식의 섭취를 줄이도록 노력하고, 특히 술은 영양소는 없이 칼로리만 내고 인슐린저항성을 증가시키니 과도한 섭취는 제한하세요.

레시피편

2·1·1

menu

그대로 따라 하면 달라져요!

대사증후군 잡는 2·1·1 식단

대사증후군, 이제부터 관리하면 됩니다. 앞에서 배운 이론편이 어렵다고 생각되시나요?
그렇다면 고민하지 말고 저희가 소개하는 아침, 점심, 저녁 2·1·1 식단을 일단 시작해 보세요.
과학적인 분석을 토대로 대사증후군 건강 관리는 물론 뱃살도 뺄 수 있는

① 30 eGL 이하
② 채소 : 단백질 식품 : 통곡물 = 2 : 1 : 1을 맞춘
③ 열량 500kcal 이하

균형 식단 40 세트를 개발해 담았습니다.
Low GL 식사를 방해하는 나트륨과 열량을 높이는 과도한 지방도 낮췄어요.

지금 당장 따라 할 수 있도록 구하기 쉬운 재료와 간단한 조리법을 활용했으니
오늘부터 하루 세끼, 일주일만 따라 해 보세요.
입맛이 바뀌고 몸이 가벼워지며 걱정했던 수치들이 점차 제자리를 찾아갈 거예요.

★ 초보자를 위해 그대로 따라 하는 2주간의 2·1·1 식단을 소개했으니
요리책이 처음이거나 어떻게 시작해야 할지 엄두가 안 난다면 220쪽을 참고하세요.

2·1·1 식단 기본 계량 & 불 조절

이 책의 레시피는 쉽고 간단해요. 기본 요리 방법만 알면 누구나 따라 할 수 있지요.
또한 레시피 검증을 통해 언제 어디서 조리해도 똑같은 맛을 낼 수 있도록 불 세기와 계량 도구를 기준으로 메뉴를 개발했답니다. 가급적 불 세기와 조리 시간을 준수하고 계량 도구를 사용하세요.

계량하기

계량 도구에는 가장 흔히 사용하는 계량 스푼과 계량컵이 있지요.
계량 스푼 대신 밥숟가락, 계량컵 대신 종이컵을 활용해도 좋아요.

계량 스푼 사용법 • 1큰술(15㎖) = 3작은술 = 밥숟가락 1과 1/2 • 1작은술(5㎖) = 밥 숟가락 1/2

1큰술(액체류)
가득 담기

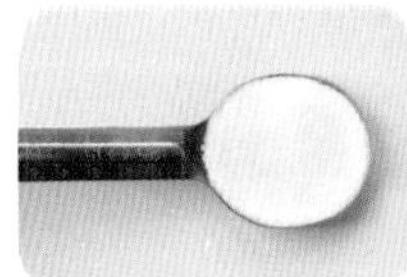

1큰술(가루류&장류)
가득 담아 윗면을 깎기

1/2큰술(액체류)
가운데 선까지 담기

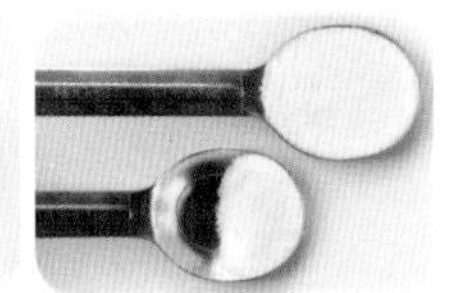

1과 1/2큰술(가루류)
= 1큰술 + 1/2큰술

계량컵 사용법 • 1컵(200㎖) = 종이컵 1컵

1컵(액체류)
가득 담기

1컵(가루류)
가득 담아 윗면을 깎기

1컵(장류)
꾹꾹 담아 윗면을 깎기

1컵(알갱이류)
가득 담아 윗면을 깎기

불 세기 조절하기

일반적으로 가장 많이 사용하는 가스레인지를 기준으로
불꽃과 냄비(팬) 바닥 사이의 간격으로 불 세기를 조절하세요.

- **센 불** 불꽃이 냄비 바닥까지 충분히 닿는 정도
- **중간 불** 불꽃과 냄비 바닥 사이에 0.5cm가량의 틈이 있는 정도
- **중약 불** 약한 불과 중간 불의 사이
- **약한 불** 불꽃과 냄비 바닥 사이에 1cm가량의 틈이 있는 정도

손대중으로 재료 계량하기

전자 저울이 없어도 한 줌, 한 장 등, 손대중으로 재료를 계량할 수 있도록 소개했어요.
아래 사진과 같이 계량해서 사용하세요.

소금 약간

후춧가루 약간
(가볍게 2회 정도 턴 분량)

부추 1줌(50g)

시금치 1줌(50g)

참나물, 쑥갓, 취나물
1줌(50g)

미나리 1줌(70g)

느타리버섯, 팽이버섯,
백만송이버섯 1줌(50g)

숙주, 콩나물 1줌(50g)

브로콜리 1개(300g)

양배추 1장
(손바닥 크기, 30g)

알배기배추 1장
(손바닥 크기, 30g)

어린잎 채소 1줌(20g)

건 메밀면 1줌(50g)

실곤약 1컵(120g)

배추김치 1컵(150g)

황태채 1컵(20g)

2·1·1 식단 기본 통곡물밥 2종

Low GL 식사를 위한 첫 걸음! GL이 낮은 통곡물밥(현미, 잡곡밥)과
채소, 두부를 섞어 GL을 낮춘 Low GL 밥 짓는 방법을 소개합니다.

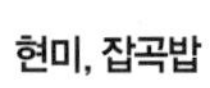

150kcal, 19eGL, 나트륨 2mg
(100g 기준)

기본 현미·잡곡밥 짓기

현미(또는 잡곡)는 거친 식감을 부드럽게 하기 위해
물에 충분히 불린 후 조리하는 것이 좋아요.
통곡물밥이 처음이라면 찰현미를 약간 섞어 짓다가
점차 찰현미를 줄여가도록 하세요.

1. 볼에 현미(또는 잡곡)를 넣은 후 물을 붓고
   헹궈 가볍게 씻는다. 넉넉히 찬물을 붓고
   1~2시간 동안 불린 후 체에 밭쳐 물기를 뺀다.
2. 밥솥에 현미(또는 잡곡)를 넣고
   1.1배의 물을 붓는다.
3. '잡곡' 모드를 선택하고 취사 버튼을 누른다.

현미·잡곡밥 냉동 & 해동하기

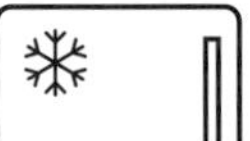

냉동하기
갓 지은 현미·잡곡밥을 100g
(작은 공기로 약 한 공기)씩
위생팩에 넣어 한 김 식힌 후 냉동한다.

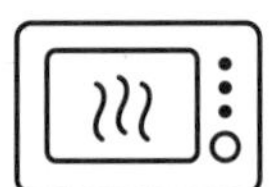

해동하기
위생팩에서 꺼낸 현미·잡곡밥을
내열 용기에 옮겨 담아
전자레인지(700W)에서 2분간 데운다.

Low GL 밥 5종

100% 곡식으로 밥을 짓지 않고 채소, 두부, 버섯 등을 듬뿍 넣어 GL을 낮췄어요. 현재 식단은 그대로 유지하되 밥만 Low GL 밥으로 바꿔도 총 섭취 GL을 훨씬 낮출 수 있어 대사증후군 잡는 식단으로 효과적입니다.

두부 작은 팩 1/2모 (부침용, 105g)

+

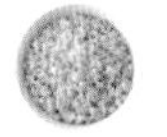

현미밥 60g

두부밥 178 kcal, 12 eGL

5~10분 / 총량 약 130g

1 두부는 칼 옆면으로 으깬다.
2 두부를 면포로 감싸 물기를 꼭 짠다.
3 내열 용기에 현미밥, 두부, 소금 약간을 넣어 섞는다.
4 뚜껑을 덮어 전자레인지(700W)에서 2분간 익힌다.

★ **두부 1인분씩 냉동했다가 활용하기**
두부는 으깬 후 위생팩에 1인분씩 담고 소금 약간을 넣어 냉동한다. (2주간 보관 가능)

숙주(또는 콩나물) 2줌

+

현미밥 60g

숙주밥 101 kcal, 15 eGL

5~10분 / 총량 약 140g

1 숙주는 1cm 길이로 썬다.
2 내열 용기에 현미밥, 숙주, 소금 약간을 넣어 섞는다.
3 뚜껑을 덮어 전자레인지(700W)에서 3분간 익힌다.

새송이버섯 1과 1/3개

+

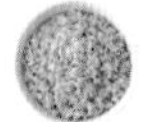

현미밥 60g

새송이버섯밥 125kcal, 16eGL

5~10분 / 총량 약 130g

1 새송이버섯은 사방 0.5cm 크기로 썬다.

2 달군 팬에 새송이버섯, 소금 약간을 넣어 센 불에서 1분간 볶는다.

3 볼에 현미밥, ②의 새송이버섯을 넣어 섞는다.

★ **새송이버섯 1인분씩 냉동했다가 활용하기**
새송이버섯을 사방 0.5cm 크기로 썬 후 달군 팬에 넣고
소금 약간을 넣어 3분간 볶는다. 한 김 식힌 후 위생팩에 1인분씩 담아
냉동한다(2주간 보관 가능).

양배추 2와 1/2장
(손바닥 크기, 75g)

+

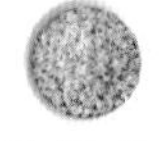

현미밥 60g

양배추밥 104kcal, 17eGL

5~10분 / 총량 약 130g

1 양배추는 0.5×0.5cm 크기로 썬다.

2 작은 볼에 소금 약간과 물 1큰술을 넣어 섞는다.

3 내열 용기에 현미밥, 양배추를 넣고 ②의 소금물을 골고루 뿌린다.

4 뚜껑을 덮어 전자레인지(700W)에서 3분간 익힌다.

★ **양배추 1인분씩 냉동했다가 활용하기**
양배추는 사방 0.5cm 크기로 썬 후 위생팩에 1인분씩 담아 냉동한다.
(2주간 보관 가능)

무 지름 10cm,
두께 0.8cm(80g)

+

현미밥 60g

무밥 104kcal, 17eGL

5~10분 / 총량 약 130g

1 무는 사방 0.5cm 크기로 썬다.

2 내열 용기에 현미밥, 무, 소금 약간을 넣어 섞는다.

3 뚜껑을 덮어 전자레인지(700W)에서 4분간 익힌다.

★ **무 1인분씩 냉동했다가 활용하기**
무는 사방 0.5cm 크기로 썬 후 위생팩에 1인분씩 담아 냉동한다.
(2주간 보관 가능).

모든 메뉴에 곁들이기 좋은 저염 국 2종

앞서 이론편에서 소개했듯이 국은 Low GL 식사를 방해하는 요소이므로
되도록 피하는 것이 좋고, 건더기 위주로 소량만 드시는 것이 좋아요.

매콤한 황태 애호박국

61kcal, 3eGL, 나트륨 295mg(1인분 기준)

30~40분 / 2~3인분

황태채 1컵(20g), 애호박 1/4개(70g), 청양고추 1개,
다시마 5×5cm 2장, 국간장 2작은술, 황태채 적신 물 4컵(800㎖)
밑간 고춧가루 1작은술, 다진 마늘 1작은술, 참기름 1작은술

1 황태채는 가위로 4cm 길이로 자른다. 볼에 미지근한 물 4컵을 붓고 황태채를 넣어 적신 후 물기를 꼭 짠다. 이때 황태채 적신 물은 버리지 않는다.

2 볼에 밑간 재료와 황태채를 넣어 버무린다.

3 애호박은 0.5cm 두께로 썬 후 열십(+)자로 4등분한다. 청양고추는 송송 썬다.

3 달군 냄비에 ②를 넣어 약한 불에서 1분 30초간 볶는다. 황태채 적신 물(4컵)과 다시마를 넣고 센 불에서 끓어오르면 약한 불로 줄여 15분간 끓인다.
★ 건진 다시마는 채 썰어 ⑤의 과정이 끝난 후 넣어도 좋다.

5 애호박, 청양고추, 국간장을 넣고 끓어오르면 5분간 더 끓인다.

들깨 미역국

21kcal, eGL 3 이하, 나트륨 348mg(1인분 기준)

25~35분 / 2~3인분

마른 실미역 1줌(5g), 들깻가루 1과 1/2큰술,
다진 마늘 1/2작은술, 국간장 1작은술, 물 5큰술 + 4컵(800㎖)

1 볼에 마른 실미역, 찬물 3컵을 담고 10분간 불린 후 손으로 물기를 꼭 짠 후 6등분한다.

2 볼에 미역, 들깻가루, 다진 마늘을 넣고 조물조물 무친다.

3 달군 냄비에 물 5큰술과 ②를 넣어 중간 불에서 2분간 볶은 후, 물 4컵을 붓고 센 불에서 끓어오르면 국간장을 넣고 중약 불로 줄여 15분간 끓인다.

저염 김치 2종

한국인은 김치 없이 못살죠? 하지만 김치는 소금에 절여 만들기 때문에 염도가 높아요.
옅은 소금물에 식초를 조금 더해 절인 저염 배추김치와, 절이지 않고 고춧가루에 버무려 먹는 콜라비깍두기를 소개합니다.

저염 배추김치

72kcal, 나트륨 248mg(1회분 기준)

30분~40분(+ 절이기, 물기빼기 7시간) / 20회분

알배기배추 1포기(1kg), 쪽파 2줄기(16g), 천일염 4큰술,
식초 1큰술 **양념** 사과 3/4개(150g), 양파 3/4개(150g),
마늘 4쪽(20g), 생강 1/2톨(3g), 고춧가루 8큰술(40g),
액젓 2작은술

1 알배기배추는 2등분하고 쪽파는 3cm 길이로 썬다.
2 큰 볼에 미지근한 물을 담고 천일염, 식초를 넣어
녹인 후 알배기배추를 담가 6시간 동안 절인다.
체에 밭쳐 1시간 동안 물기를 뺀다.
3 사과와 양파는 한입 크기로 썬다.
4 푸드 프로세서에 사과, 양파, 마늘, 생강을 넣어 곱게 간다.
5 큰 볼에 ④와 나머지 양념 재료를 넣어 섞은 후
쪽파를 넣고 버무린다.
6 절인 알배기배추에 양념을 한 장 한 장 펴 바른 후 밀폐 용기에
담는다. ★실온에서 하루 동안 익힌 후 냉장 보관한다.

콜라비깍두기

19kcal, 나트륨 244mg(1회분 기준)

15분~25분 / 10회분

콜라비 1개(500g) **양념** 고춧가루 2큰술,
다진 마늘 1/2큰술, 멸치 액젓 1큰술(또는 까나리 액젓),
매실청 1큰술, 소금 2작은술

1 콜라비는 잎과 뿌리를 제거한 후
겉껍질을 떼어내고 사방 1.5cm 크기로 썬다.
2 큰 볼에 양념 재료를 넣어 섞은 후 콜라비를 넣고 버무린다.
3 밀폐 용기에 ②를 담고 뚜껑을 닫는다.
★냉장실에 15일간 보관한다.
실온에서 하루 동안 숙성하면 더 맛있다.

저염 양념장 3종

건강을 위해 쌈밥을 즐긴다고 해도 나트륨 함량이 많은 시판 쌈장을 듬뿍 곁들인다면 소용없답니다.
양념을 줄이고 견과류, 버섯 등을 넣어 염도를 낮춘, 저염 양념장 3종입니다.

토마토고추장

8kcal, 나트륨 51mg(1회분 기준)

총 4회분

다진 방울토마토 3개분, 고추장 1작은술,
식초 1작은술, 올리고당 1작은술

견과쌈장

14kcal, 나트륨 90mg(1회분 기준)

총 4회분

다진 양파 1큰술, 생수 1큰술,
다진 견과류 1작은술, 고추장 1작은술,
된장 1작은술, 참기름 1/2작은술

저염 달래간장

7kcal, 나트륨 61mg(1회분 기준)

총 4회분

1cm 길이로 썬 달래 3줄기분(5g),
통깨 1/2작은술, 양조간장 1작은술,
매실청 1/2작은술, 참기름 1/2작은술

각각 볼에 모든 재료를 넣어 섞는다.

Low GL 간식 4종

삼시 세끼를 잘 챙겨 먹어도 입이 심심할 때가 있어요. 이때 과자나 빵을 드시면 탄수화물 섭취량이 확 올라간답니다. 아래 소개하는 Low GL 간식을 미리 만들어 두었다가 드세요.

매콤 병아리콩 스낵

56kcal, 6eGL, 나트륨 26mg(1회분 기준)

75분~85분(+ 병아리콩 불리기 8시간) / 10회분

병아리콩 2컵(320g) **시즈닝** 칠리파우더(또는 고운 고춧가루) 2작은술, 강황 가루 1/2작은술, 소금 1/4작은술, 올리고당 1작은술

1. 볼에 병아리콩과 잠길 만큼의 물을 붓고 8시간 불린 후 체에 밭쳐 물기를 뺀다.
2. 오븐은 200℃(미니 오븐 동일)로 예열한다. 냄비에 병아리콩과 물 5컵, 소금 1작은술을 넣고 센 불에서 끓어오르면 약한 불로 줄여 뚜껑을 덮고 20~25분간 삶은 후 체에 밭쳐 물기를 최대한 뺀다.
3. 오븐 팬에 종이포일을 깔고 병아리콩을 펼쳐 올린 후 예열된 오븐의 가운데 칸에서 40분간 굽는다. ★10분에 한 번씩 오븐 팬을 흔들면 타지 않고 골고루 바삭하게 익힐 수 있다.
4. 큰 볼에 구운 병아리콩과 시즈닝 재료를 넣은 후 숟가락 두 개로 섞는다. ★병아리콩이 뜨거울 때 섞어야 시즈닝이 잘 밴다.
5. 종이포일에 펼쳐 완전히 식힌 후 냉동 보관한다.

단호박빵

105kcal, 9eGL, 나트륨 175mg(1회분 기준)

30분~40분 / 2~3회분

단호박 1/4개(또는 고구마, 200g), 달걀흰자 2개분, 달걀노른자 1개분, 올리고당 1작은술, 소금 1/4작은술

1. 단호박은 숟가락으로 씨를 제거한 후 껍질째 한입 크기로 썬다.
2. 내열 용기에 단호박을 넣고 뚜껑을 닫아 전자레인지(700W)에서 5분간 익힌다. 볼에 단호박, 올리고당을 넣어 포크로 으깬 후 달걀노른자를 넣고 섞는다.
3. 물기가 없는 다른 깨끗한 볼에 달걀흰자를 넣어 핸드믹서의 거품기로 높은 단에서 단단한 뿔이 생길 때까지 1분 30초 ~ 2분간 휘핑한다.
4. ②의 볼에 ③의 흰자 거품을 2~3회 나눠 넣고 흰자가 보이지 않을 정도로 주걱으로 살살 섞는다.
5. 내열 용기에 반죽을 담고 뚜껑을 덮어 전자레인지(700W)에서 7~8분간 익힌 후 한 김 식혀 먹기 좋은 크기로 썬다.

매콤 곤약꼬치

103kcal, 9eGL, 나트륨 167mg(1회분 기준)

20분~30분 / 2회분

묵곤약 100g, 현미 떡볶이떡 6개(또는 떡볶이떡, 가래떡 10cm, 40g), 다진 견과류 약간, 식용유 1작은술 **양념** 통깨 1작은술, 다진 마늘 1/2작은술, 하프 토마토케첩 2작은술, 고추장 2작은술, 올리고당 1작은술

1. 현미 떡볶이떡과 묵곤약 데칠 물 3컵을 끓인다. 묵곤약은 떡과 같은 두께로 썰고 볼에 양념 재료를 넣어 섞는다.
2. ①의 끓는 물에 현미 떡볶이떡을 넣고 30초간 데친 후 체로 건진다. 물이 다시 끓어오르면 묵곤약을 넣고 1분간 데친 후 체에 밭쳐 물기를 뺀다.
   ★ 떡이 말랑할 경우 데치는 과정을 생략한다.
3. 꼬치에 현미 떡볶이떡과 묵곤약을 번갈아가며 끼운다.
4. 달군 팬에 식용유를 두르고 ③을 올려 중간 불에서 2분간 뒤집어가며 굽는다.
5. 불을 끄고 ①의 양념을 앞 뒤로 바른 후 다시 불을 켜고 약한 불에서 30초간 뒤집어가며 구운 후 접시에 담고 땅콩을 뿌린다.

구운 달걀

76kcal, 3eGL 이하, 나트륨 84mg(1회분 기준)

1시간~1시간 10분 / 10회분

달걀 10개, 물 2컵(400㎖) + 1컵(200㎖)

1. 달걀은 흐르는 물에 깨끗이 씻는다.
2. 전기 압력밥솥에 달걀을 넣고 물 2컵을 부은 후 백미 취사 버튼을 누른다.
3. 취사가 완료 되면 보온 취소를 누른 후 뚜껑을 열어 물 1컵을 붓고 다시 한 번 백미 취사 버튼을 누른다.
4. 찬물에 담가 식힌다.
   ★ 찬물에 담가 식히면 껍데기가 잘 벗겨진다. 껍질째 밀폐 용기에 담아 보관한다.

2·1·1식단을 따라 하기 전에 꼭 읽어보세요

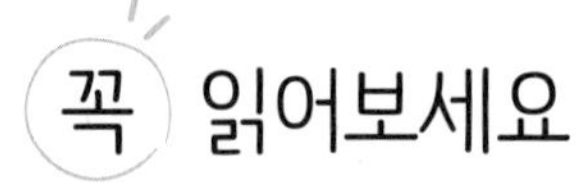

이 책에는 대사증후군 예방, 관리를 위한 2·1·1 식단과 요리가 소개되어 있습니다.
구하기 쉬운 재료와 간단한 조리법을 이용했고, 꼭 필요한 영양 수치를 기재해 건강한 식습관을 만드는 데 큰 도움을 줄 거예요. 레시피를 따라 하기 전에 이 책의 구성요소들을 확인해 보세요!

② 효능 아이콘

저염	나트륨 함량이 특히 적은 식단 혈압이 높은 분들에게 추천
혈관 건강	콜레스테롤 함량이 적거나 오메가-3가 풍부한 식단 혈중 지방 수치가 높은 분들에게 추천
대장 건강	식이섬유가 특히 풍부한 식단
뼈 건강	칼슘 또는 비타민 D가 특히 풍부한 식단
피로 해소	비타민 C가 특히 풍부한 식단
항산화	비타민 E와 셀레늄이 모두 풍부한 식단

① 영양정보

열량, eGL 수치, 나트륨 함량을 한눈에 보기 쉽게 표시했습니다. 모든 메뉴는 500kcal, 30eGL 이하이며 저염, 저당, 최소한의 양념으로 조리했습니다.

③ 2·1·1, 이렇게 맞췄어요!

Low GL을 위한 2·1·1 식단의 가장 중요한 요소입니다. 한 끼 식단의 식재료를 채소 2 : 단백질 식품 1 : 통곡물 1로 맞춰 메뉴를 구성하고 각각의 레시피를 소개했어요. 양념 외의 주요 재료들을 적었으니 장을 볼 때 활용해도 좋아요.

⑤ 식단의 메뉴별 레시피

2·1·1 식단의 밥을 제외한 모든 메뉴의 자세한 레시피를 소개했어요. 이 책의 대부분의 레시피는 1인분 기준으로 제시했으니 완성량을 2배, 3배로 늘리고 싶다면 재료량을 늘리되 양념은 80%만 넣고 간을 맞추세요.

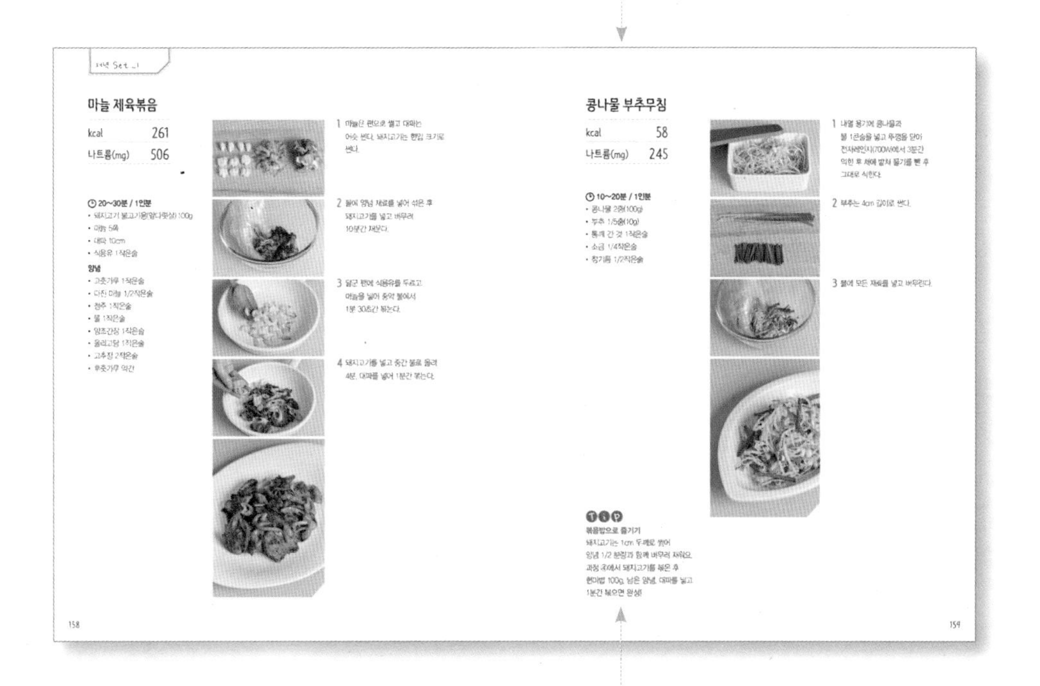

④ Low GL & 2·1·1 식단 포인트!

대사증후군의 예방, 관리에 효과적인 2·1·1 식단을 어떻게 구성했는지 소개했어요. 잘 읽어보고 실생활에서 메뉴를 구성할 때 참고하세요.

⑥ 대체 재료와 활용 팁

레시피의 활용도를 높이는 대체 재료 사용법이나 색다르게 즐기는 방법을 소개했어요. 한 가지 메뉴를 여러 가지로 변형해 더욱 다양하게 즐겨보세요.

★ 이 책에 소개된 모든 2·1·1 식단의 영양 성분은 한국영양학회가 개발한 영양 분석 프로그램 **CAN**(Computer Aided Nutritional Analysis Program)을 이용했고, eGL 수치는 이 영양 분석 자료를 토대로 임상연구를 통해 개발한 추정식을 활용하여 계산했습니다.

Breakfast

꼭꼭 챙겨 먹어요! 휘리릭 만드는

간편한 아침 2·1·1 식단

아침을 거르면 보상 심리 때문에 점심을 과하게 먹게 된답니다.
삼시 세끼, 일정한 시간에 정해진 양을 규칙적으로 먹는 것은
대사증후군 예방 식사 습관으로 매우 중요해요. 아침 2·1·1 식단은 **10~20분만에 간편하게 준비할 수 있는 메뉴**들로 구성했어요. 전날 재료를 손질해 두고
아침에는 마지막 과정만 조리해도 좋아요.
또한, 소화가 잘 안 되고 입맛 없는 아침에도 맛있게 먹을 수 있도록
부드럽고 담백한 메뉴 위주로 개발했습니다.

kcal 493
eGL 16
나트륨 (mg) 856
대장 건강
뼈 건강
피로 해소
항산화

채소 달걀 간장밥 + 피망 버섯볶음 + 알배기배추겉절이 + 스트링 치즈

어릴 적 많이 먹었던 버터 달걀 간장밥을 이제 건강하게 즐겨 보세요.
쫄깃한 버섯볶음, 아삭한 겉절이를 곁들여 간편하면서도 든든한 아침 식단입니다.

참타리버섯
느타리버섯과 비슷하게 생겼지만 갓이 더 작아요. 식감이 쫄깃하고 조리시 잘 부서지지 않아 요리에 사용하기 좋아요. 식이섬유가 풍부해 GL이 낮고 포만감도 오래 유지시켜줘요.

Low GL & 2·1·1 식단 포인트!

- 피망 버섯볶음에 불포화지방이 풍부한 호두를 넣어 GL을 낮춰주고 심혈관질환의 예방, 관리에도 도움을 주지요.
- 채소볶음, 채소겉절이, 채소비빔밥으로 구성해 식이섬유를 충분히 섭취할 수 있어 포만감이 좋아요.
- 김치 대신 샐러드처럼 가볍게 무친 배추겉절이를 곁들여 염분 섭취량을 줄였어요.

채소 달걀 간장밥

kcal	329
나트륨(mg)	321

10~20분 / 1인분

- 따뜻한 현미밥(또는 잡곡밥) 100g
- 어린잎 채소 1/2줌
  (또는 쌈 채소 2장, 10g)
- 식용유 1작은술

달걀물

- 달걀 1개
- 저지방우유 3큰술
- 후춧가루 약간

양념장

- 통깨 간 것 1큰술
- 생수 1큰술
- 양조간장 1작은술
- 참기름 1작은술

1 볼에 달걀물 재료를 넣어 섞는다.

2 다른 볼에 양념장 재료를 넣어 섞는다.

3 달군 팬에 식용유를 두르고 달걀물을 부은 후 중간 불에서 30초간 둔다. 젓가락으로 저어가며 익힌다.

4 그릇에 현미밥을 담고, 어린잎 채소, 달걀을 올린 후 양념장을 곁들인다.

Tip

치즈를 넣어 색다르게 즐기기

슬라이스 치즈 1장(또는 스트링 치즈)을 1×1cm 크기로 썰어 과정 ①에 달걀물 재료와 함께 섞어요. 나머지 과정은 동일하게 진행해요.

피망 버섯볶음

kcal	72
나트륨(mg)	241

⏲ **10~20분 / 1인분**

- 참타리버섯 1줌(또는 다른 버섯, 50g)
- 피망 1/2개(또는 양파 1/4개, 50g)
- 다진 호두 1작은술 (또는 다른 견과류, 3g)
- 식용유 1작은술
- 소금 1/4작은술
- 후춧가루 약간

1 참타리버섯은 밑동을 제거하고 먹기 좋게 찢는다. 피망은 0.5cm 두께로 채 썬다.

2 달군 팬에 식용유를 두르고 참타리버섯을 넣어 중간 불에서 1분, 피망과 소금을 넣고 1분간 볶는다.

3 불을 끄고 다진 호두, 후춧가루를 넣어 섞는다.

알배기배추겉절이

kcal	37
나트륨(mg)	234

⏲ **10~20분 / 1인분**

- 알배기배추 3장(손바닥 크기, 또는 양배추, 90g)

양념

- 고춧가루 1작은술
- 양조간장 1작은술
- 생수 1큰술
- 매실청(또는 올리고당) 1작은술
- 참기름 1/2작은술
- 후춧가루 약간

1 알배기배추는 1cm 폭으로 채 썬다.

2 큰 볼에 양념 재료를 넣어 섞는다.

3 ②의 볼에 알배기배추를 넣어 버무린다.

kcal 405
eGL 21
나트륨 (mg) 603
저염
대장 건강
뼈 건강
피로 해소
항산화

간단 두부밥 + 사과 청경채무침 + 버섯 달걀전 + 구운 김 & 저염 달래간장 45쪽

아침을 든든하면서도 더 가볍게 즐기고 싶은 날 추천하는 식단입니다.
두부를 넣어 푸짐한 간단 두부밥에 저염 밑반찬 3종을 곁들였어요.

Low GL & 2·1·1 식단 포인트!

- 정제된 탄수화물인 밀가루 대신 달걀만 넣어 전을 만들어 GL을 낮췄어요.
- 식이섬유가 풍부한 버섯과 사과, 청경채는 많이 씹을수록 단맛을 즐길 수 있고, 혈당이 천천히 올라 Low GL 식사에 도움을 줍니다.
- 단순당 사용을 최소화하기 위해 채소무침에 사과를 넣어 단맛을 더하고, 식이섬유도 풍부하게 섭취할 수 있어요.

간단 두부밥

kcal	209
나트륨(mg)	6

5~15분 / 1인분

- 현미밥(또는 잡곡밥) 100g
- 두부 작은 팩 1/3모(부침용, 70g)

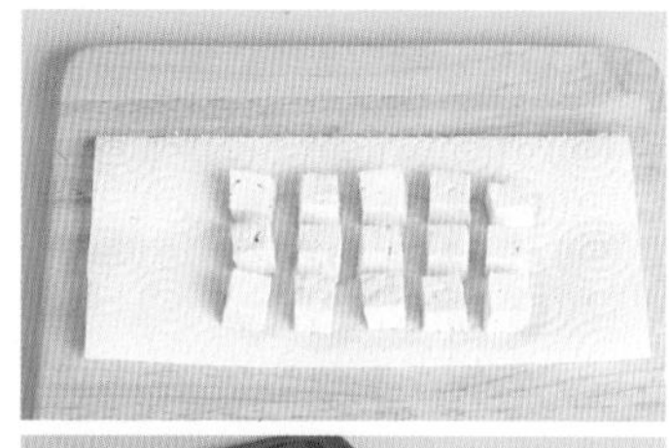

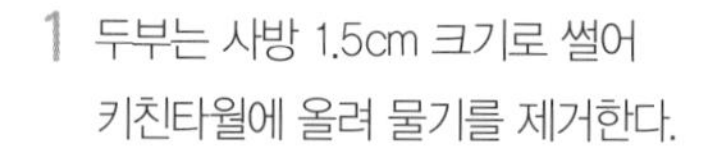

1 두부는 사방 1.5cm 크기로 썰어 키친타월에 올려 물기를 제거한다.

2 내열 용기에 현미밥, 두부를 넣고 뚜껑을 닫아 전자레인지(700W)에서 2분간 익힌다.

3 가볍게 섞어 그릇에 담는다.

사과 청경채무침

kcal	60
나트륨(mg)	218

10~20분 / 1인분

- 청경채 2개(또는 쌈 채소 5장, 양배추 2장, 80g)
- 사과 1/4개(또는 배 1/10개, 50g)

양념

- 고춧가루 1작은술
- 통깨 간 것 1작은술
- 양조간장 1작은술
- 생수 1작은술
- 식초 1작은술
- 참기름 약간
- 후춧가루 약간

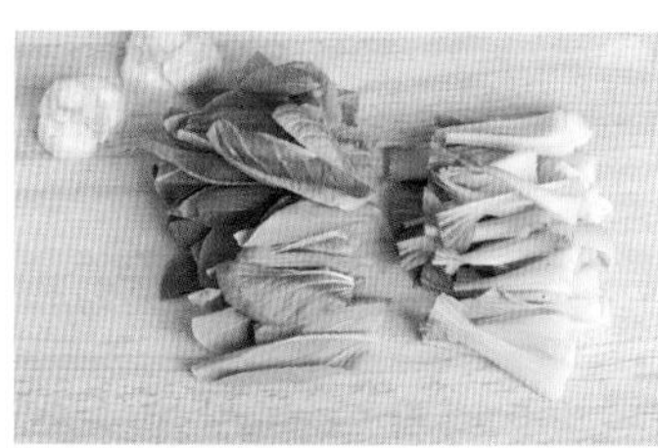

1 청경채는 밑동을 제거하고 2등분한다.

2 사과는 씨를 제거하고 껍질째 모양대로 얇게 썬다.

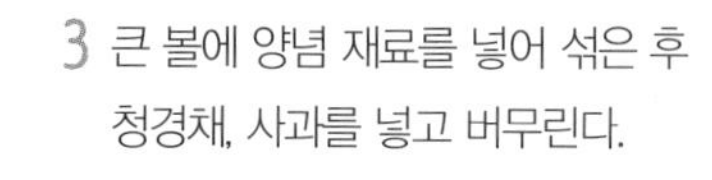

3 큰 볼에 양념 재료를 넣어 섞은 후 청경채, 사과를 넣고 버무린다.

버섯 달걀전

kcal	127
나트륨(mg)	268

⏲ **15~25분 / 1인분**

- 참타리버섯 2줌
  (또는 다른 버섯, 100g)
- 달걀 1개
- 소금 약간
- 후춧가루 약간
- 식용유 1작은술

1 참타리버섯은 밑동을 제거하고 1cm 길이로 썬다.

2 볼에 참타리버섯, 소금, 후춧가루를 넣고 섞어 5분간 둔다.

3 ②의 볼에 달걀을 넣고 섞는다.

4 달군 팬에 식용유를 두르고 ③을 2큰술씩 올려 동그랗게 편다.

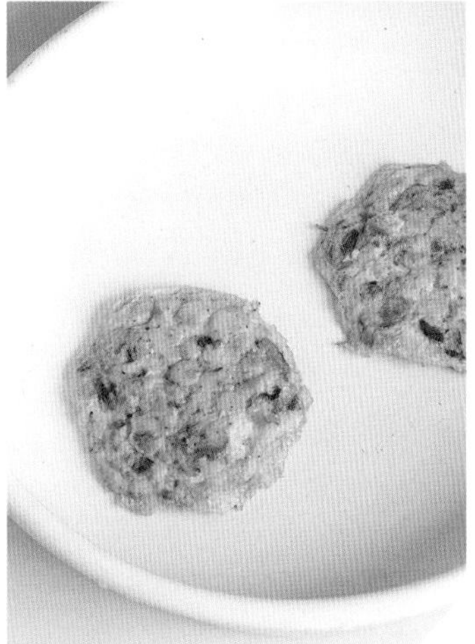

5 중간 불에서 앞뒤로 각각 2분씩 굽는다. ★ 팬의 크기에 따라 나눠 굽거나 식용유가 부족할 경우 더해가며 굽는다.

버섯 달걀찜으로 즐기기

재료의 소금은 1/4큰술로 늘린 후 과정 ③까지 진행해요. 내열 용기에 ③, 물 1/4컵(50㎖)을 넣고 섞은 후 뚜껑을 닫아 전자레인지(700W)에 넣어 4분간 익혀요.

kcal 423
eGL 25
나트륨 (mg) 484
저염
혈관 건강
대장 건강
피로 해소
항산화

현미밥 + 닭가슴살 채소볶음 + 케일겉절이 + 견과쌈장 45쪽

채소의 풍미를 충분히 살려 맛을 내 양념을 최소화한 닭가슴살 채소볶음에
쌉싸래한 맛이 나는 쌈 케일을 매콤하게 무쳐 곁들였어요. 영양 균형이 잘 맞고 든든한 한 끼입니다.

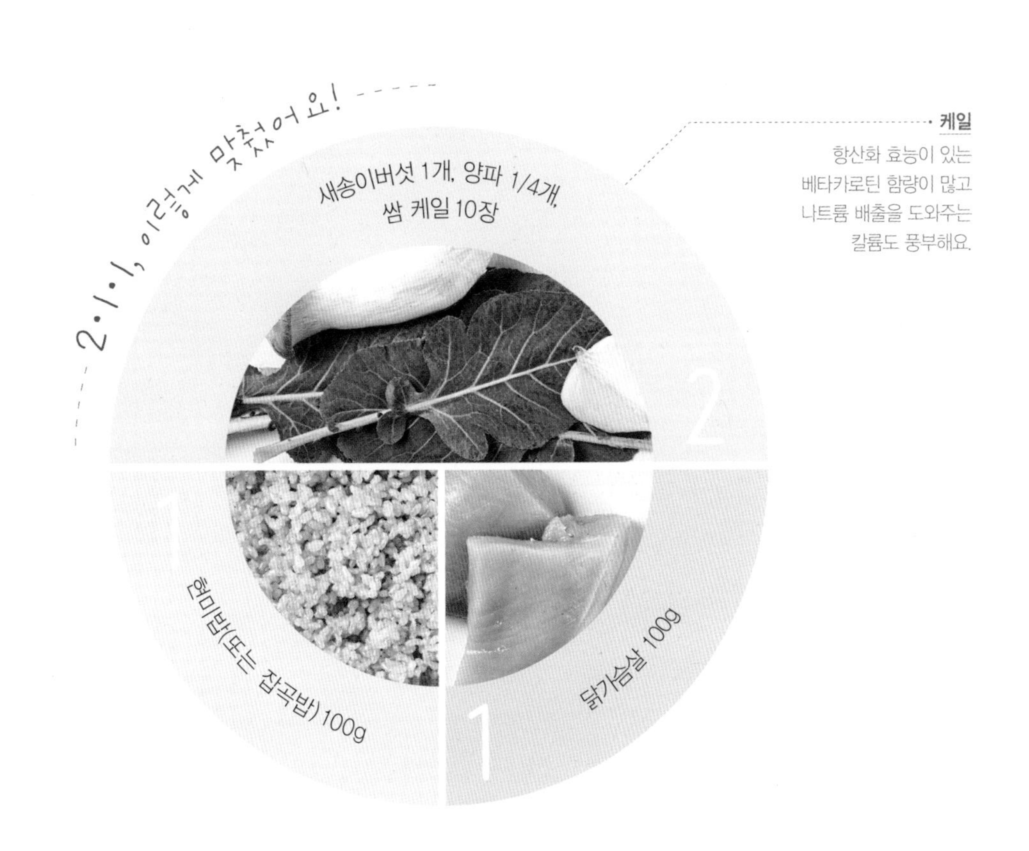

케일
항산화 효능이 있는 베타카로틴 함량이 많고 나트륨 배출을 도와주는 칼륨도 풍부해요.

Low GL & 2·1·1 식단 포인트!

- 새송이버섯, 양파, 쌈 케일을 듬뿍 넣어 채소를, 현미밥으로 통곡물을, 지방 함량이 적은 닭가슴살로 단백질 식품을 채워 2·1·1 균형을 맞췄어요.
- 기름에 볶는 조리법은 탄수화물 흡수를 더디게 해 GL을 낮추는 데 도움을 줘요.
- 닭가슴살 채소볶음에 불포화지방이 풍부한 들깻가루를 넣어 GL을 낮추고 영양은 더했어요.

닭가슴살 채소볶음

kcal	215
나트륨(mg)	227

15~25분 / 1인분

- 닭가슴살 1쪽(100g)
- 양파 1/4개(50g)
- 새송이버섯 1개
  (또는 다른 버섯, 80g)
- 식용유 1작은술
- 소금 1/4작은술
- 후춧가루 약간
- 들깻가루 1큰술

밑간

- 다진 마늘 1/2작은술
- 청주 1작은술

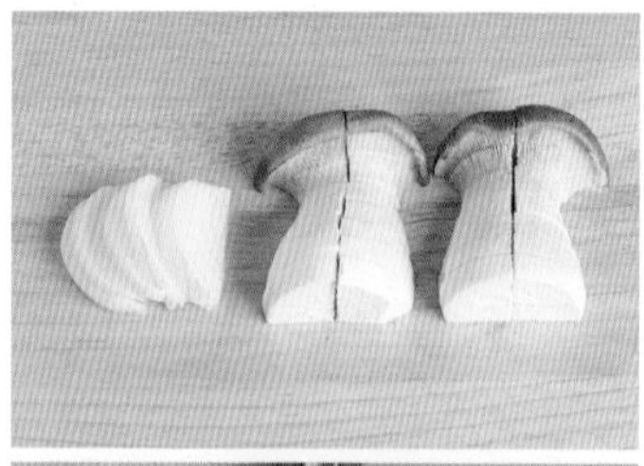

1 양파는 0.5cm 두께로 썰고, 새송이버섯은 밑동을 제거하고 열십(+)자로 4등분한 후 1cm 두께로 썬다.

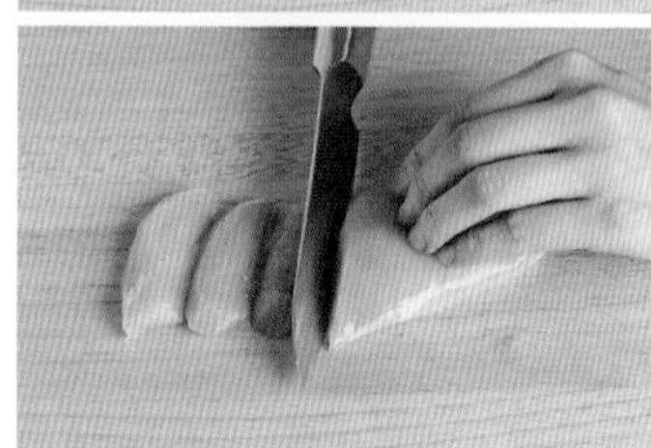

2 닭가슴살은 1cm 두께로 어슷 썬다.

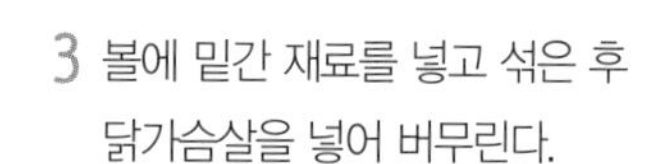

3 볼에 밑간 재료를 넣고 섞은 후 닭가슴살을 넣어 버무린다.

4 달군 팬에 식용유를 두르고 양파를 넣어 중간 불에서 1분, 닭가슴살을 넣어 2분간 볶는다.

5 새송이버섯, 소금을 넣어 1분간 볶은 후 후춧가루, 들깻가루를 넣고 버무린다.

케일겉절이

kcal	44
나트륨(mg)	165

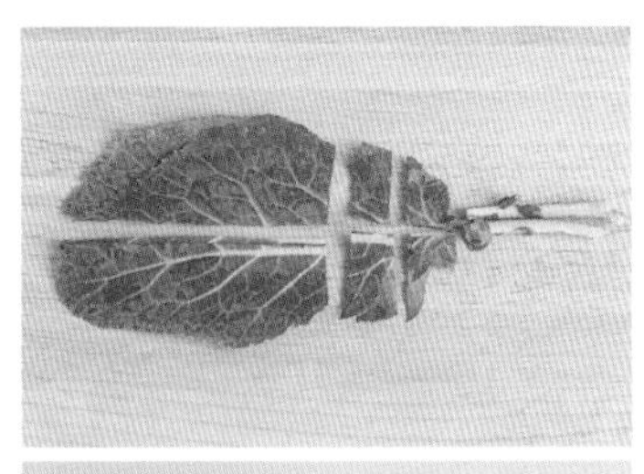

1 쌈 케일은 길게 2등분한 후 1cm 폭으로 썬다.

2 큰 볼에 양념 재료를 넣어 섞은 후 쌈 케일을 넣고 버무린다.

5~15분 / 1인분

- 쌈 케일 10장(또는 쌈 채소, 50g)

양념

- 고춧가루 1작은술
- 다진 마늘 1/2작은술
- 식초 1작은술
- 생수 1작은술
- 까나리 액젓(또는 멸치 액젓) 1/2작은술
- 참기름 1/2작은술
- 후춧가루 약간

Tip

비빔밥으로 즐기기

그릇에 현미밥 100g을 담고 케일겉절이, 통조림 참치 작은 캔 1/2개(50g)를 넣어 비빔밥으로 즐겨도 좋아요.

현미밥 + 저염 꽈리고추 닭가슴살조림 + 시금치 두부 버섯샐러드 + 매콤한 황태 애호박국 43쪽

남녀 노소 누구나 좋아하는 반찬, 장조림을 더 건강하게 조리했어요.
저염 꽈리고추 닭가슴살조림에 고소한 들기름 드레싱이 매력적인 샐러드를 곁들인 식단입니다.

닭가슴살

Low GL 식사를 위해서는
탄수화물뿐만 아니라
단백질 섭취도 신경 써야 해요.
닭가슴살은 다른 육류에 비해
지방 함량이 적어
Low GL 식단에 좋은
단백질 재료랍니다.

Low GL & 2·1·1 식단 포인트!

- 저염 꽈리고추 닭가슴살조림은 양념의 간장 양을 줄이고 꽈리고추로 매콤함을 더해 염분 섭취를 줄인 메뉴입니다.
- 시금치 두부 버섯샐러드처럼 신선한 채소를 그대로 먹는 메뉴는 많이 씹을 수 있어 혈당을 천천히 올리고 포만감에 도움이 됩니다.
- 드레싱에 사용한 들기름은 불포화지방이 풍부해 GL을 낮춰주고 심혈관질환의 예방, 관리에도 도움을 주지요.

저염 꽈리고추 닭가슴살조림

kcal	94
나트륨(mg)	335

40~50분 / 2회분

- 닭가슴살 1쪽(또는 닭안심, 100g)
- 꽈리고추 10개(또는 풋고추, 40g)
- 통후추 10알
- 양파 1/4개(50g)

양념

- 양조간장 1큰술
- 맛술 1과 1/2큰술
- 다진 마늘 1작은술

1 양파는 2등분한다. 꽈리고추는 어슷하게 2등분한다.

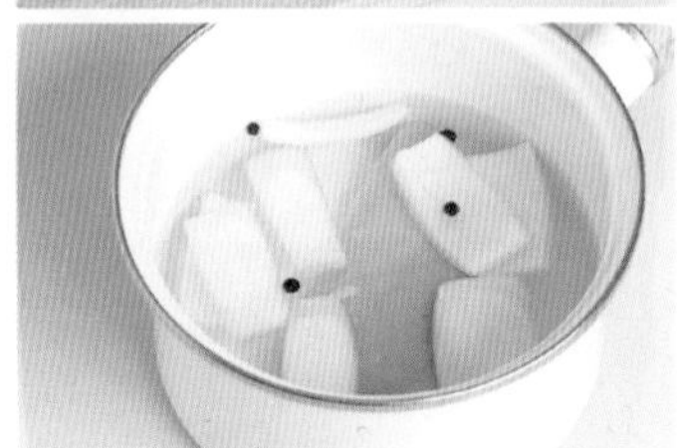

2 냄비에 물 2와 1/2컵(500㎖), 닭가슴살, 양파, 통후추를 넣어 중간 불에서 끓어오르면 10분간 끓인다.

3 ②의 냄비를 체에 밭쳐 국물과 건더기를 분리한다. ★ 완성된 국물의 양은 1과 1/2컵이며, 부족할 경우 물을 더한다.

4 닭가슴살은 한 김 식힌 후 결대로 찢는다.

5 냄비에 ③의 국물, 닭가슴살, 양념 재료를 넣어 중간 불에서 끓어오르면 10분, 꽈리고추를 넣고 2분간 끓인다.

시금치 두부 버섯샐러드

kcal	158
나트륨(mg)	237

15~25분 / 1인분

- 시금치 1줌(또는 쌈 케일 6장, 50g)
- 두부 작은 팩 1/3모(부침용, 70g)
- 표고버섯 2개(또는 다른 버섯, 50g)
- 양파 1/8개(25g)
- 들기름(또는 식용유) 1작은술

간장드레싱

- 생수 1큰술
- 양조간장 1작은술
- 들기름(또는 참기름) 1작은술
- 후춧가루 약간

1 두부는 1cm 두께로 납작하게 썬다. 표고버섯은 기둥을 제거하고 0.5cm 두께로 모양대로 썬다.

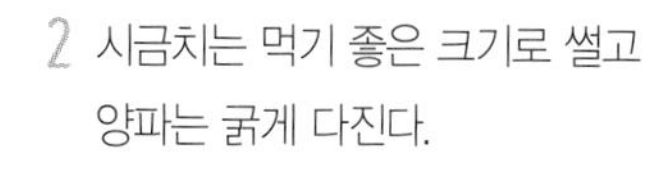

2 시금치는 먹기 좋은 크기로 썰고 양파는 굵게 다진다.

3 달군 팬에 들기름을 두르고 두부를 넣어 중간 불에서 2분간 노릇하게 구워 덜어둔다.

4 팬을 닦고 다시 달궈 표고버섯을 넣고 센 불에서 1분간 볶는다.

5 큰 볼에 드레싱 재료를 넣어 섞은 후 모든 재료를 넣어 버무린다.

비빔밥으로 즐기기

그릇에 현미밥 100g, 시금치 두부샐러드, 고추장 1작은술을 넣고 비벼 먹어요.

kcal 423
eGL 23
나트륨 (mg) 524
저염
대장 건강
피로 해소
항산화

채소 듬뿍 간단 비빔밥 + 고추장 두부조림 + 채소스틱

모든 재료를 한 그릇에 담고 전자레인지에 2분간 익히면 완성되는 채소 듬뿍 간단 비빔밥은 바쁜 아침 시간에 제격인 메뉴예요. 입맛을 돋워 줄 고추장 두부조림을 곁들이면 잘 어울린답니다.

Low GL & 2·1·1 식단 포인트!

- 달걀과 두부로 단백질 식품을, 현미밥으로 통곡물을, 비빔밥용 채소와 채소스틱으로 2·1·1 균형을 맞춘 식단입니다.
- 채소를 소량의 양조간장으로 밑간한 후 열조리해, 감칠맛은 높이고 염분 섭취는 줄였어요.
- 채소스틱은 재료를 크게 썰어 오래 씹을 수 있으므로 식사 시간을 늘려주고 혈당을 천천히 올려 Low GL 식사에 도움을 줘요.

채소 듬뿍 간단 비빔밥

kcal	310
나트륨(mg)	330

15~25분 / 1인분

- 따뜻한 현미밥(또는 잡곡밥) 100g
- 비빔밥용 채소
  (당근, 애호박, 버섯 등) 150g
- 달걀 1개
- 고추장 1작은술
  (기호에 따라 가감)

밑간

- 양조간장 1/2작은술
- 참기름 1작은술
- 후춧가루 약간

1 비빔밥용 채소는 채 썰고, 버섯은 먹기 좋은 크기로 찢는다.

2 큰 볼에 밑간 재료를 넣어 섞은 후 ①의 채소, 버섯을 넣어 버무린다.

3 내열 용기에 현미밥, 채소, 버섯, 달걀 순으로 넣은 후 뚜껑을 닫아 전자레인지(700W)에 넣고 2분간 익힌다.

4 고추장을 곁들인다.
★ 고추장도 염도가 높으므로 조금만 넣고 비비는 것이 좋다.

팬으로 조리하기

②번 과정까지 진행한 후 팬을 달궈 식용유 약간, 달걀을 넣어 1분 30초간 익혀 덜어둬요. 팬을 닦고 다시 달궈 ②를 넣고 중간 불에서 2분간 볶아요. 그릇에 현미밥, 채소, 달걀프라이 순으로 담고 고추장을 곁들여요.

고추장 두부조림

kcal	106
나트륨(mg)	170

10~20분 / 1인분

- 두부 작은 팩 1/3모 (부침용, 또는 묵곤약 70g)
- 대파 5cm
- 식용유 1작은술

양념

- 물 2큰술
- 다진 마늘 1/2작은술
- 양조간장 1/2작은술
- 맛술 1작은술
- 고추장 1/2작은술
- 후춧가루 약간

1 두부는 사방 2cm 크기로 썰고, 대파는 송송 썬다.

2 두부를 키친타월에 올려 물기를 제거한다.

3 볼에 양념 재료를 넣어 섞는다.

4 달군 팬에 식용유를 두르고 두부를 넣어 중간 불에서 3분간 돌려가며 노릇하게 굽는다.

5 양념, 대파를 넣어 1분간 조린다.

kcal 486
eGL 17
나트륨 (mg) 626
혈관 건강
대장 건강
뼈 건강
피로 해소
항산화

현미밥 + 고등어구이 + 콩나물 김무침 + 유자청 상추겉절이

건강한 아침 식사로 강력 추천! 청주와 생강으로 비린내를 잡은 고등어구이와 콩나물무침에 김을 넣은 색다른 반찬, 유자향이 향긋한 상추겉절이를 함께 먹는 식단입니다.

고등어
고단백질 식품으로, 오메가-3 지방산이 풍부해 이상지질혈증을 개선하고 심혈관질환의 예방 및 관리에 도움을 줘요.

LOW GL & 2·1·1 식단 포인트!

- 콩나물을 살짝 익혀 부피를 줄여 한 번에 많은 양을 섭취할 수 있도록 했어요.
- 고등어에는 몸에 좋은 불포화지방이 풍부해 혈관 건강에 도움을 줍니다.
- 해조류인 김은 감칠맛이 좋아 나물에 곁들이면 다른 양념 사용을 줄일 수 있고, 수용성 식이섬유가 풍부해 포만감을 증가시켜요.

고등어구이

kcal	223
나트륨(mg)	253

20~30분 / 1인분

- 고등어 1토막(구이용, 또는 삼치, 가자미, 100g)
- 식용유 1작은술

밑간

- 청주 1큰술
- 소금 약간
- 다진 생강 약간

1 고등어는 키친타월로 물기를 제거하고 껍질 부분에 2~3cm 간격으로 칼집을 넣는다.

2 고등어에 밑간 재료를 뿌려 10분간 둔다.

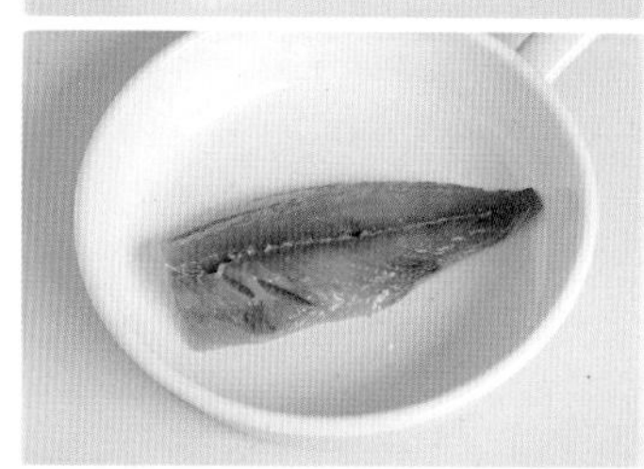

3 달군 팬에 식용유를 두르고 고등어를 껍질 부분이 팬에 닿도록 올린다.

4 중간 불에서 앞뒤로 각각 3분씩 굽는다.

카레가루를 더해 색다르게 즐기기

볼에 밑간 재료, 카레가루 1작은술을 넣어 섞어요. 이때 소금은 생략해도 좋아요. 나머지 과정은 동일하게 진행하되 카레가루를 넣은 후 타기 쉬우므로 자주 뒤집어주세요. 카레가루를 넣으면 비린내도 잡아줘 아이들도 맛있게 먹는답니다.

콩나물 김무침

kcal	56
나트륨(mg)	186

1 내열 용기에 콩나물, 물 1큰술을 넣어 뚜껑을 닫고 전자레인지(700W)에 넣어 3분간 익힌 후 체에 밭쳐 한 김 식힌다.

2 큰 볼에 모든 재료를 넣고 무친다.

15~25분 / 1인분

- 콩나물 2줌(또는 숙주, 100g)
- 조미 김 부순 것 1장분(A4 용지 크기)
- 고춧가루 1/2작은술
- 양조간장 1/2작은술
- 참기름 약간

유자청 상추겉절이

kcal	57
나트륨(mg)	185

1 상추는 한입 크기로 썬다.

2 큰 볼에 양념 재료를 넣어 섞은 후 상추를 넣고 버무린다.

5~15분 / 1인분

- 상추 15장(또는 쌈 채소, 75g)

양념

- 식초 1작은술
- 유자청(또는 올리고당 1작은술
- 포도씨유 1작은술
- 소금 약간
- 후춧가루 약간

현미밥 + 낫토양념장을 곁들인 연두부와 방울토마토 + 참나물 들깨무침

발효 식품인 낫토는 단백질과 식이섬유가 풍부하여 배변 활동도 원활하게 도와주는 건강에 좋은 식재료입니다. 맛 때문에 먹기가 힘들었다면 이 식단대로 따라 해보세요.

낫토

완전 식품인 콩을 발효한 낫토는 건강에 좋은 유익균을 다량 함유하고 있어요. 이 유익균의 먹이가 되는 식이섬유도 풍부해 장 건강과 면역력 향상에 효과적입니다.

Low GL & 2·1·1 식단 포인트!

- 많은 양의 낫토를 먹는 것이 익숙하지 않는 분들을 위해 적은 양으로 맛과 영양만 더하고 연두부를 넣어 2·1·1 의 단백질 섭취량을 맞췄어요.
- 나트륨 배출을 돕는 칼륨이 풍부한 토마토를 넣어 혈관 건강에 좋아요.
- 참나물과 같이 향이 강한 나물은 들기름과 잘 어울려요. 들기름에는 오메가-3 지방산이 풍부하므로 나물을 무칠 때 참기름 대신 활용하면 좋아요.

낫토양념장을 곁들인 연두부와 방울토마토

kcal	151
나트륨(mg)	389

10~20분 / 1인분

- 연두부 작은 것 1팩 (또는 생식 두부, 90g)
- 낫토 1/2팩(25g)
- 방울토마토 7개(또는 파프리카 1/2개, 105g)
- 구운 김 1장분(A4 용지 크기)

양념장

- 생수 1큰술
- 다진 파 1작은술
- 양조간장 2작은술
- 참기름 1/2작은술
- 후춧가루 약간

1 방울토마토는 4등분한다.

2 볼에 낫토를 넣고 실이 생기도록 저어가며 섞은 후 양념장 재료를 넣어 섞는다.

3 그릇에 연두부를 담고 방울토마토와 양념장을 올린 후 구운 김을 곁들여 싸먹거나, 잘게 부숴 올린다.

낫토를 명란젓으로 대체하기

낫토가 입맛에 맞지 않는 분들은 낫토를 생략하고 양념장에 명란젓을 넣어 즐겨보세요. 저염 명란젓 10g을 알만 발라낸 후 양념장 재료의 양조간장 대신 넣어 섞으면 됩니다.

참나물 들깨무침

kcal	97
나트륨(mg)	148

10~20분 / 1인분

- 참나물 2줌(또는 시금치, 취나물, 100g)

양념

- 들깻가루 1큰술
- 다진 파 1작은술
- 국간장 1/2작은술
- 들기름 1작은술

1 냄비에 참나물 데칠 물 4컵과 소금 1작은술을 넣어 끓인다. 참나물은 지저분한 잎을 떼어낸 후 흐르는 물에 씻어 물기를 뺀다.

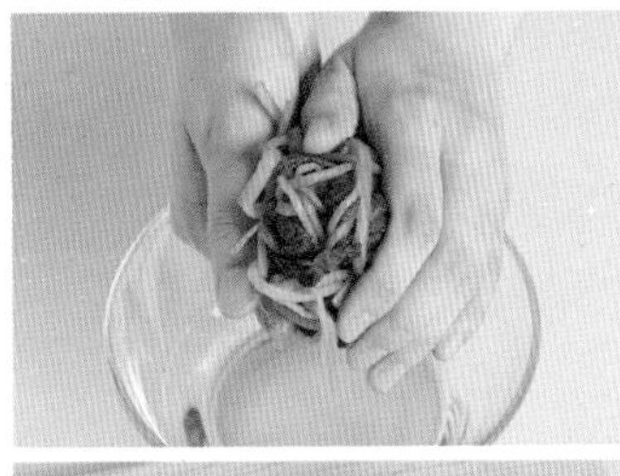

2 ①의 끓는 물에 참나물을 넣어 30초간 데친 후 체에 밭쳐 찬물에 헹궈 물기를 꼭 짠다.

3 데친 참나물은 열십(+)자로 4등분한다.

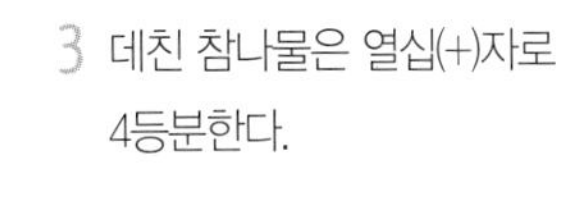

4 볼에 양념 재료를 넣어 섞은 후 참나물을 넣어 무친다.

kcal 479
eGL 23
나트륨 (mg) 679
혈관 건강
대장 건강
피로 해소

현미밥 + 매콤 숙주 쇠고기볶음 + 땅콩드레싱의 양배추 케일샐러드

청양고추를 넣어 깔끔한 매콤 숙주 쇠고기볶음과
땅콩드레싱으로 버무려 고소한 맛이 매력적인 샐러드로 든든한 아침을 맞이해 보세요.

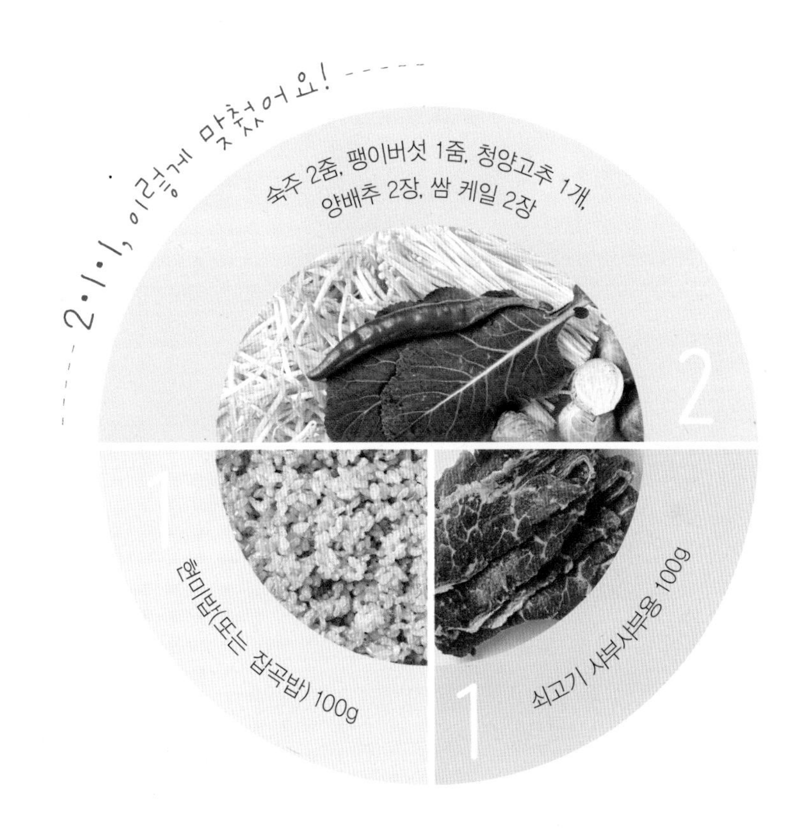

Low GL & 2·1·1 식단 포인트!

- 채소를 재빨리 볶아 식감을 살리면 씹는 재미가 있고 식사시간을 늘려 GL을 줄이는데 도움이 되므로 체중조절에도 효과적이에요.
- 땅콩, 청양고추 등 향이나 매운맛이 강한 재료는 소금 간을 많이 하지 않아도 요리의 맛을 풍성하게 해 줘 염분 섭취량을 줄여줘요.
- 기름에 볶는 조리법은 탄수화물 흡수를 더디게 해 GL을 낮추는 데 도움을 줘요.

매콤 숙주 쇠고기볶음

kcal	228
나트륨(mg)	363

20~30분 / 1인분

- 쇠고기 사부사부용 (또는 불고기용) 100g
- 숙주 2줌(100g)
- 팽이버섯 1줌(50g)
- 청양고추 1개(생략 가능)
- 식용유 1작은술
- 다진 마늘 1작은술

양념

- 양조간장 1/2큰술
- 맛술 2작은술
- 참기름 1/2작은술
- 후춧가루 약간

1 쇠고기는 키친타월에 감싸 핏물을 제거하고, 한입 크기로 썰어 볼에 담는다.

2 다른 볼에 양념 재료를 넣어 섞은 후 ①의 볼에 1/2분량을 넣어 버무린다.

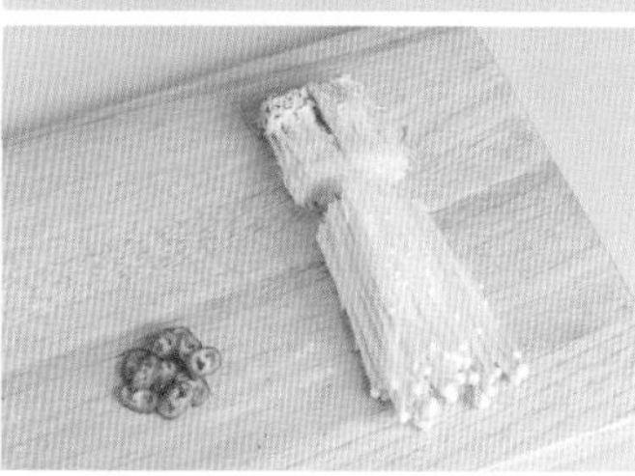

3 청양고추는 송송 썬다. 팽이버섯은 밑동을 제거한 후 길이로 2등분한다.

4 달군 팬에 식용유를 두르고 다진 마늘을 넣어 중간 불에서 30초, ②의 쇠고기를 넣어 1분간 볶는다.

5 숙주, 팽이버섯, 나머지 양념을 넣고 센 불로 올려 30초, 청양고추를 넣어 30초간 볶는다.

땅콩드레싱의 양배추 케일샐러드

kcal	101
나트륨(mg)	314

10~20분 / 1인분

- 양배추 2장(손바닥 크기, 또는 알배기배추, 60g)
- 쌈 케일 2장(또는 시금치 1/5줌, 10g)

땅콩드레싱

- 땅콩(또는 다른 견과류) 10g
- 양조간장 1/2큰술
- 식초 1/2큰술
- 올리고당 2작은술

단백질을 더해 든든하게 즐기기

볼에 쇠고기(또는 닭가슴살) 100g, 청주 1작은술, 소금 약간, 후춧가루를 넣고 버무려 10분간 밑간해요. 달군 팬에 식용유 1작은술을 두르고 밑간한 쇠고기를 넣어 중간 불에서 3~5분간 볶아요. 드레싱은 재료를 2배로 늘리고 나머지 과정은 동일하게 진행해요. 과정 ④에 모든 재료를 넣어 버무리면 완성!

1 푸드 프로세서에 땅콩을 넣어 굵게 간다. ★ 키친타월에 올려 굵게 다져도 좋다.

2 큰 볼에 드레싱 재료를 넣어 섞는다.

3 양배추, 쌈 케일은 1.5×1.5cm 크기로 썬다.

4 ②의 볼에 모든 재료를 넣어 버무린다.

kcal 386
eGL 23
나트륨 (mg) 557
저염
피로해소

단호박 요구르트볼 + 닭가슴살 사과샐러드

입맛 없는 날 추천하는 메뉴예요. 삶은 단호박에 요구르트와 견과류를 넣은
영양만점 요구르트볼에 채소를 듬뿍 넣어 든든한 샐러드를 곁들였습니다.

단호박

고구마나 감자에 비해
식이섬유가 많은 편으로
GL이 낮아요. 펙틴 성분이
있는 껍질을 섭취하면
이뇨작용을 도와
부기 제거에도 효과적이에요.

Low GL & 2·1·1 식단 포인트!

- GL을 낮춰주는 효과가 있는 떠먹는 플레인 요구르트를 듬뿍 섭취할 수 있는 메뉴예요.
- 단호박을 껍질째 먹도록 조리해 식이섬유 섭취량을 늘려 탄수화물의 소화, 흡수를 늦췄어요.
- 탄수화물의 소화 흡수를 늦추는 불포화지방이 풍부한 견과류를 듬뿍 넣었어요.

단호박 요구르트볼

kcal	190
나트륨(mg)	6

10~20분 / 1인분

- 단호박 1/2개(작은 것, 또는 고구마 1/2개, 100g)
- 떠먹는 플레인 요구르트 1통(85g)
- 다진 견과류 1/2큰술 (호두, 아몬드 등, 5g)
- 다진 말린 과일 약간(생략 가능)

1 단호박은 섬유질과 씨를 제거한다.

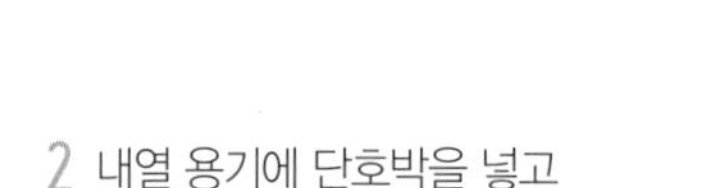

2 내열 용기에 단호박을 넣고 뚜껑을 닫아 전자레인지(700W)에서 5분간 익힌다.

3 단호박에 떠먹는 플레인 요구르트를 채운 후 다진 견과류, 다진 말린 과일을 뿌린다. ★ 떠먹는 플레인 요구르트에 다진 견과류와 다진 말린 과일을 넣고, 단호박을 곁들여 먹어도 좋다

닭가슴살 사과샐러드

kcal	196
나트륨(mg)	551

20~30분 / 1인분

- 닭가슴살 1쪽(또는 닭가슴살 통조림, 100g)
- 사과 1/4개(50g)
- 어린잎 채소 1과 1/2줌 (또는 샐러드 채소, 30g)

와사비드레싱

- 양조간장 2작은술
- 레몬즙 1작은술
- 올리고당 1작은술
- 올리브유 1작은술
- 연와사비(또는 연겨자) 1작은술

1 냄비에 닭가슴살, 잠길 만큼의 물을 넣고 중간 불에서 12분간 끓인다.

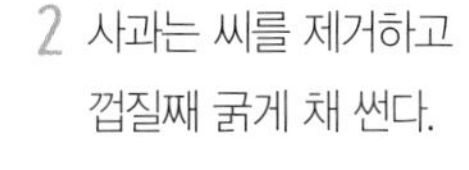

2 사과는 씨를 제거하고 껍질째 굵게 채 썬다.

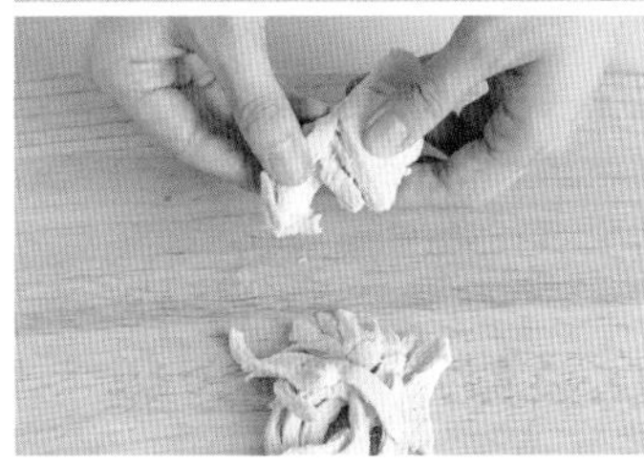

3 닭가슴살을 건져낸 후 한 김 식혀 결대로 찢는다.

4 큰 볼에 드레싱 재료를 넣어 섞는다.

5 ④의 볼에 모든 재료를 넣고 버무린다. ★ 드레싱에 버무리지 않고 따로 곁들인 후 먹기 전에 뿌려 먹어도 좋다.

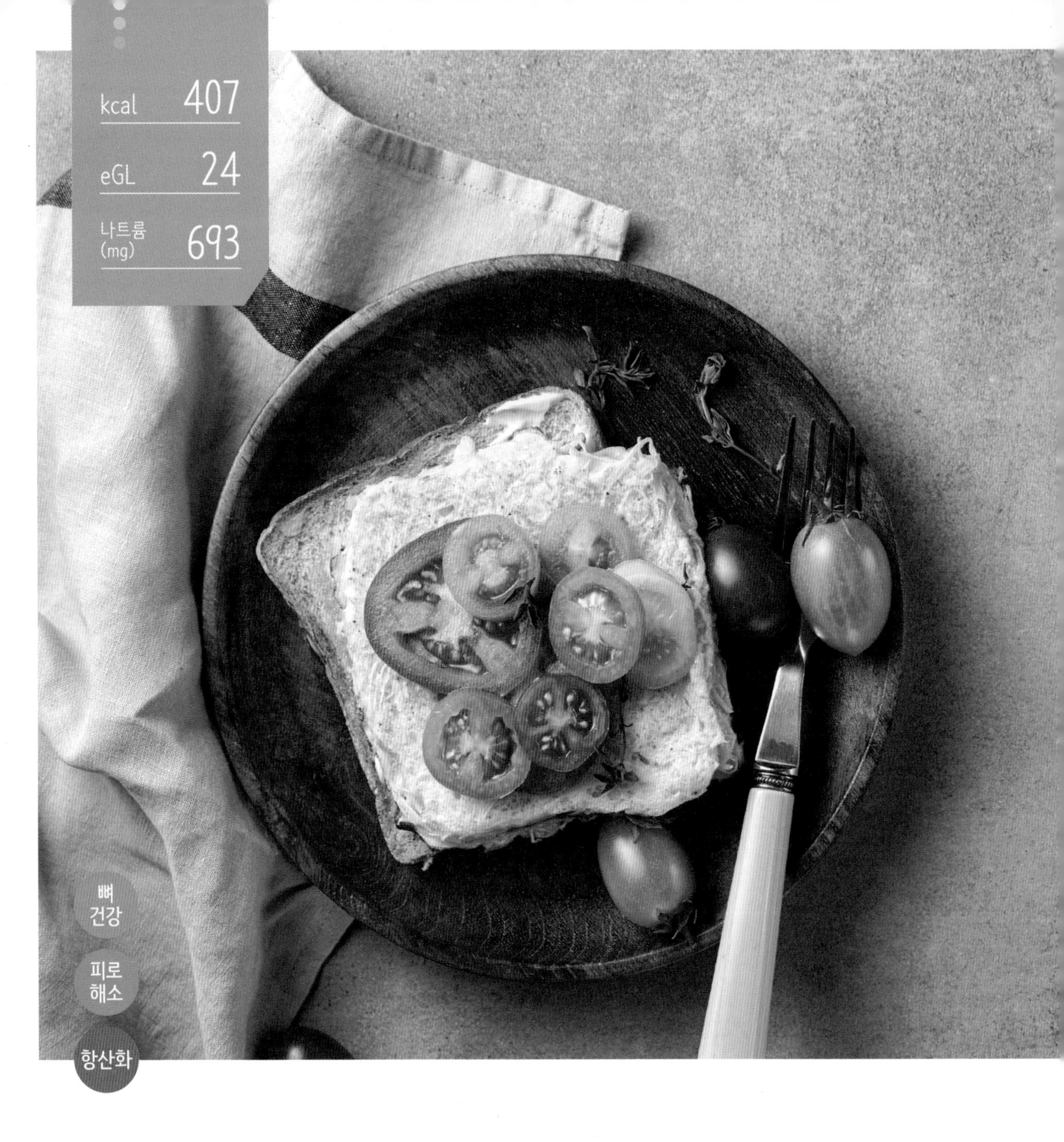

양배추 달걀토스트 + 들깨우유 + 귤

밥만 먹기 지겨운 날, 가볍게 즐길 수 있는 특별한 아침 식단을 소개합니다.
채소를 듬뿍 넣은 토스트와 고소하게 씹히는 들깨가 매력적인 들깨우유로 구성했어요.

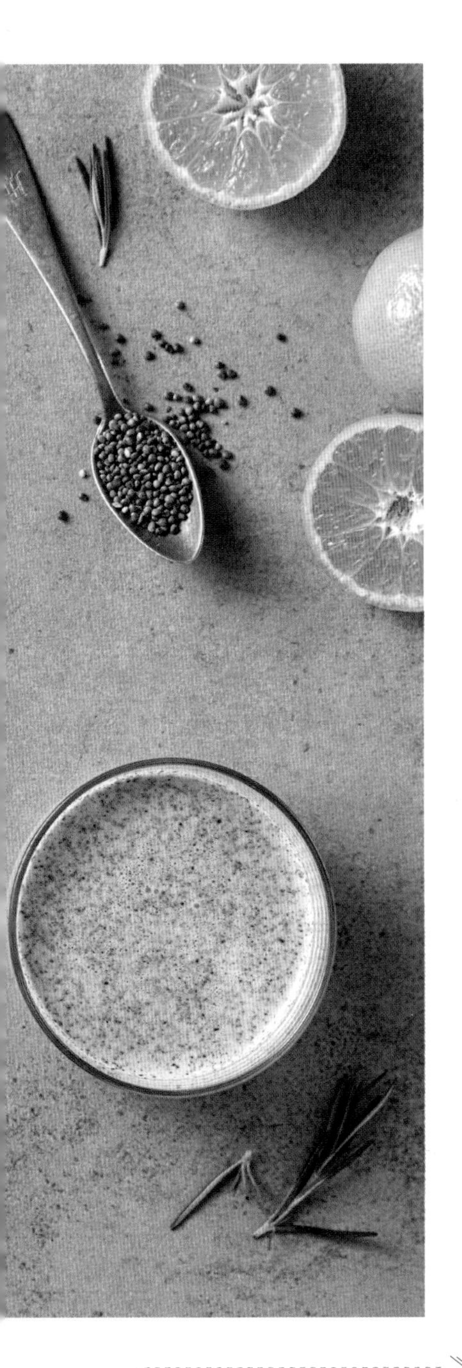

귤
과일도 GL이 높은 과일과 낮은 과일이 있답니다. 귤, 오렌지, 자몽과 같은 감귤류는 GL이 낮은 편이지만 바나나, 감 등 수분이 적은 것은 GL이 높으니 주의하세요.

Low GL & 2·1·1 식단 포인트!

- 양배추, 토마토, 귤로 식이섬유가 풍부한 채소를, 달걀과 우유로 단백질 식품을, 곡물 식빵으로 통곡물을 채워 2·1·1을 맞췄어요.
- 일반 식빵 대신 통곡물로 만든 곡물 식빵을 사용해 GL을 낮췄어요.
- 우유에 들깻가루를 넣어 고소함을 살리고, 불포화지방의 섭취량을 늘렸어요. 많이 씹어먹을수록 천천히 소화 흡수되어 좋아요.

양배추 달걀토스트

kcal	262
나트륨(mg)	480

20~30분 / 1인분

- 곡물 식빵 1장
- 양배추 3장(또는 알배기배추, 90g)
- 토마토 1/3개(토마토 슬라이스 3개, 또는 방울토마토 3개, 50g)
- 달걀 1개
- 소금 약간
- 후춧가루 약간
- 식용유 1작은술
- 하프 마요네즈 1작은술

1 양배추는 가늘게 채 썰고, 토마토는 모양대로 얇게 썬다.

2 볼에 양배추, 달걀, 소금, 후춧가루를 넣어 버무린다.

3 달군 팬에 곡물 식빵을 올려 앞뒤로 각각 1분 30초씩 구워 한 김 식힌다.

4 팬을 닦고 다시 달궈 식용유를 넣고 ②를 올려 곡물 식빵 크기로 편 후 앞뒤로 각각 2분씩 굽는다.

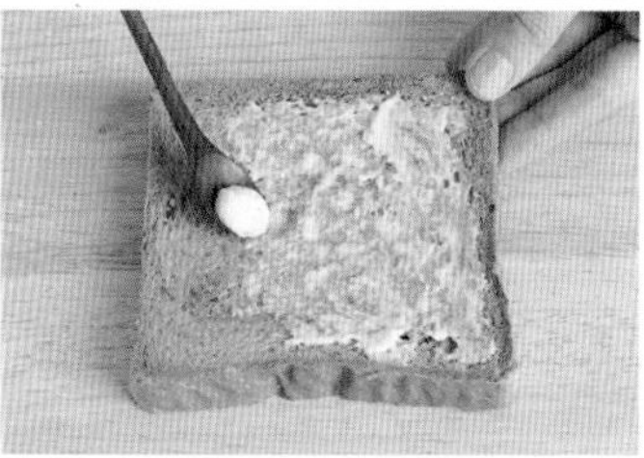

5 식빵에 하프 마요네즈를 펴바른다.

6 ⑤의 식빵 위에 ④와 토마토를 올린 후 먹게 좋게 4등분한다.

들깨우유

kcal	119
나트륨(mg)	205

5~15분 / 1인분

- 저지방 우유 1컵(또는 무가당 두유, 200㎖)
- 들깻가루 1큰술
- 꿀 1작은술

1 쉐이커(또는 물병)에 모든 재료를 넣는다.

2 쉐이커를 흔들어 섞은 후 잔에 따른다.

Tip

바나나를 넣어 든든하게 즐기기

바나나를 넣으면 더 든든해요. 믹서에 한입 크기로 썬 바나나 1개분, 저지방 우유 1컵, 들깻가루를 넣고 곱게 갈아요. 바나나에 단맛이 있으니 꿀은 생략하세요.

Lunch

자극적인 음식에 무너지지 마세요

활력을 주는 점심 2·1·1 식단

즐거운 점심시간! 열량이 높고 자극적인 음식은 탄수화물을 더 많이 당기게 해
대사증후군 식사로 적합하지 않아요. 무너지지 말고 Low GL, 2·1·1 식단을 실천하세요.
점심 식단에는 **비타민 C와 피토케미컬이 풍부해 나른한 오후 시간에 활력을 줄**
채소를 듬뿍 넣었어요. 또한, **도시락을 싸 가지고 다니는 분들을 위해 국물이 적고**
식어도 맛있는 한 그릇 메뉴와 간단한 곁들임 요리로 구성했답니다.
포만감도 좋아 다음 끼니까지의 공복 시간이 가장 긴 점심 메뉴로 그만이에요.

kcal 394
eGL 24
나트륨 (mg) 904
대장 건강
뼈 건강
항산화

미나리 새우비빔밥 + 모둠 버섯 들깨조림

미나리를 듬뿍 올려 향이 좋은 비빔밥에 들깨 향이 고소한 반찬을 곁들여 보세요.
조리법이 간단하고 물기가 없어 점심 도시락으로 활용하기 좋아요.

Low GL & 2·1·1 식단 포인트!

- 생채소를 듬뿍 넣은 비빔밥이라 탄수화물의 소화, 흡수가 더뎌 GL이 낮아요.
- 비빔 양념장에 불포화지방이 풍부한 호두를 넣어 영양도 더하고 GL을 낮췄어요.
- 버섯은 특유의 감칠맛이 있어 양념을 많이 하지 않아도 풍미가 좋아 Low GL 식사를 방해하는 염분 섭취를 줄이는 데 도움을 줘요.

미나리 새우비빔밥

kcal	284
나트륨(mg)	617

20~30분 / 1인분

- 따뜻한 현미밥(또는 잡곡밥) 100g
- 냉동 생새우살 5마리(75g)
- 미나리 1/2줌
  (또는 참나물 2/3줌, 35g)
- 식용유 1작은술

밑간

- 청주 1작은술
- 소금 약간
- 후춧가루 약간

양념장

- 다진 호두 1큰술
  (또는 다른 다진 견과류, 10g)
- 양조간장 1/2작은술
- 고추장 1작은술
- 올리고당 1/2작은술
- 참기름 약간

Tip

참치를 넣어 색다르게 즐기기
생새우살은 생략하고 통조림 마일드 참치 1/2캔(작은 것, 50g)을 체에 밭쳐 기름기를 뺀 후 과정 ⑤에 넣어요.

1 냉동 생새우살은 찬물에 10분간 담가 해동한다. 작은 볼에 양념장 재료를 넣어 섞는다.

2 미나리는 지저분한 잎을 떼어내고 흐르는 물에 씻은 후 물기를 뺀 후 3cm 길이로 썬다.

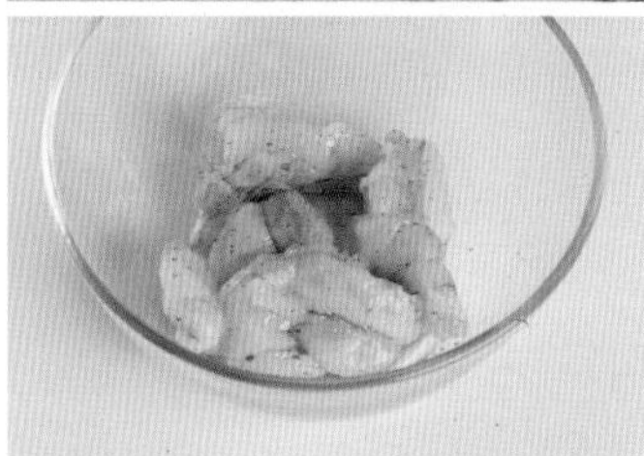

3 생새우살은 체에 밭쳐 물기를 빼고 반으로 저민 후 밑간 재료에 버무려 5분간 둔다.

4 달군 팬에 식용유를 두르고 ③의 생새우살을 넣어 중간 불에서 1분 30초간 볶는다.

5 그릇에 현미밥, 미나리, 새우살을 담은 후 양념장을 곁들인다.

모둠 버섯 들깨조림

kcal	110
나트륨(mg)	287

15~25분 / 1인분

- 모둠 버섯 100g(느타리버섯, 참타리버섯, 표고버섯 등)
- 양파 1/4개(50g)
- 식용유 1작은술
- 소금 약간

양념

- 들깻가루 1큰술
- 양조간장 1/2작은술
- 물 1/4컵(50㎖)

1 버섯은 밑동을 제거하고 가닥가닥 뜯거나 1cm 두께로 썬다.

2 양파는 0.5cm 두께로 채 썬다.

3 볼에 양념 재료를 넣어 섞는다.

4 달군 팬에 식용유를 두르고 양파를 넣어 중간 불에서 1분, 버섯과 소금을 넣고 1분간 볶는다.

5 양념을 넣고 1분간 조린다.

닭가슴살을 넣어 든든하게 즐기기
버섯은 50g으로 줄이고 닭가슴살 1/2쪽(50g)을 1cm 두께로 채 썬 후 과정 ④에 양파와 함께 넣어 볶아요.

kcal 416
eGL 25
나트륨 (mg) 707
혈관 건강
대장 건강
피로 해소
항산화

닭가슴살 마파소스 덮밥 + 부추 양파무침 + 새송이버섯구이

두반장 없이 집에 있는 양념으로 마파소스를 만들어 볼까요? 두부 대신 닭가슴살을 넣어 더 담백하고 든든하답니다. 반찬으로 부추 양파무침을 곁들여 깔끔한 맛을 더했어요.

Low GL & 2·1·1 식단 포인트!

- 덮밥에 부족한 채소를 부추 양파무침과 새송이버섯구이로 채워 2·1·1을 맞췄어요.
- 마파소스에 건더기를 듬뿍 넣어 탄수화물 함량이 높은 밥을 많이 먹지 않아도 포만감이 좋아요.
- 나트륨이 많이 들어있는 시판 소스 대신 홈메이드 마파소스를 만들어 Low GL 식사를 방해하는 염분 섭취를 줄였어요.

닭가슴살 마파소스 덮밥

kcal	328
나트륨(mg)	334

25~35분 / 1인분

- 따뜻한 현미밥(또는 잡곡밥) 100g
- 닭가슴살 1쪽(또는 다진 돼지고기, 다진 쇠고기, 100g)
- 피망 1/2개(또는 양파 1/4개, 50g)
- 대파 10cm
- 식용유 1작은술
- 후춧가루 약간

양념

- 송송 썬 홍고추 1/2개분
- 생수 1큰술
- 다진 마늘 1/2작은술
- 된장 1/2작은술(집 된장 1/3작은술)
- 고추장 1과 1/2작은술
- 올리고당 1/2작은술

1 피망은 굵게 다지고, 대파는 송송 썬다. 볼에 양념 재료를 넣어 섞는다.

2 닭가슴살은 굵게 다진다.

3 달군 냄비에 식용유를 두르고 피망, 대파를 넣어 중간 불에서 1분, 닭가슴살을 넣고 1분, 양념을 넣고 1분간 볶는다.

4 물 1/2컵(100㎖), 후춧가루를 넣고 센 불에서 끓어오르면 약한 불로 줄여 5분간 끓인다.

5 그릇에 현미밥을 담고 ④를 올린다.

부추 양파무침

kcal	59
나트륨(mg)	188

5~15분 / 1인분

- 부추 1/2줌(또는 쌈 케일 5장, 25g)
- 양파 1/8개(25g)

양념

- 통깨 1작은술
- 고춧가루 1작은술
- 참기름 1작은술
- 소금 약간

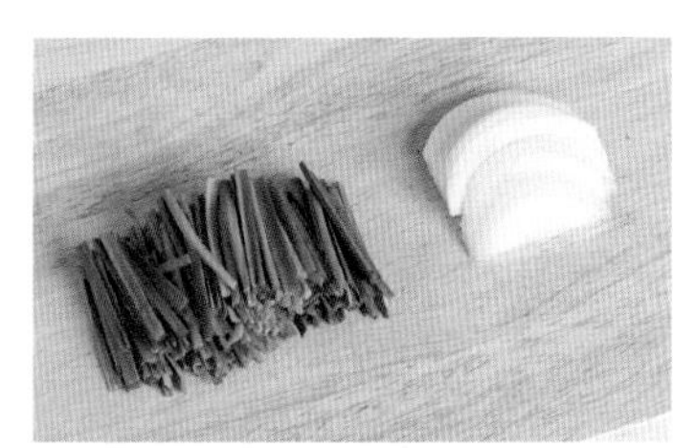

1 부추는 4cm 길이로 썰고, 양파는 가늘게 채 썬다.
★ 쌈 케일로 대체한 경우 길게 2등분한 후 1cm 폭으로 채 썬다.

2 양파는 찬물에 담가 매운맛을 제거한 후 체에 밭쳐 물기를 뺀다.

3 큰 볼에 양념 재료를 넣어 섞은 후 부추와 양파를 넣어 버무린다.

새송이버섯구이

kcal	28
나트륨(mg)	185

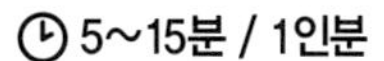

5~15분 / 1인분

- 새송이버섯 1개
  (또는 다른 버섯, 80g)
- 소금 약간

1 새송이버섯은 밑동을 제거한 후 0.5cm 두께로 모양대로 썬다.

2 달군 팬에 새송이버섯을 올린 후 소금을 뿌리고 중간 불에서 1분 30초간 뒤집어가며 굽는다.

함경도식 닭무침 비빔밥 + 미나리무침 + 쌈 채소

함경도에서 즐겨먹는 일품 요리인 닭무침 비빔밥은 매콤한 양념과 쫄깃한 닭가슴살, 아삭한 콩나물의 식감이 조화로운 메뉴예요. 쌈 채소에 싸 먹으면 더 맛있어요.

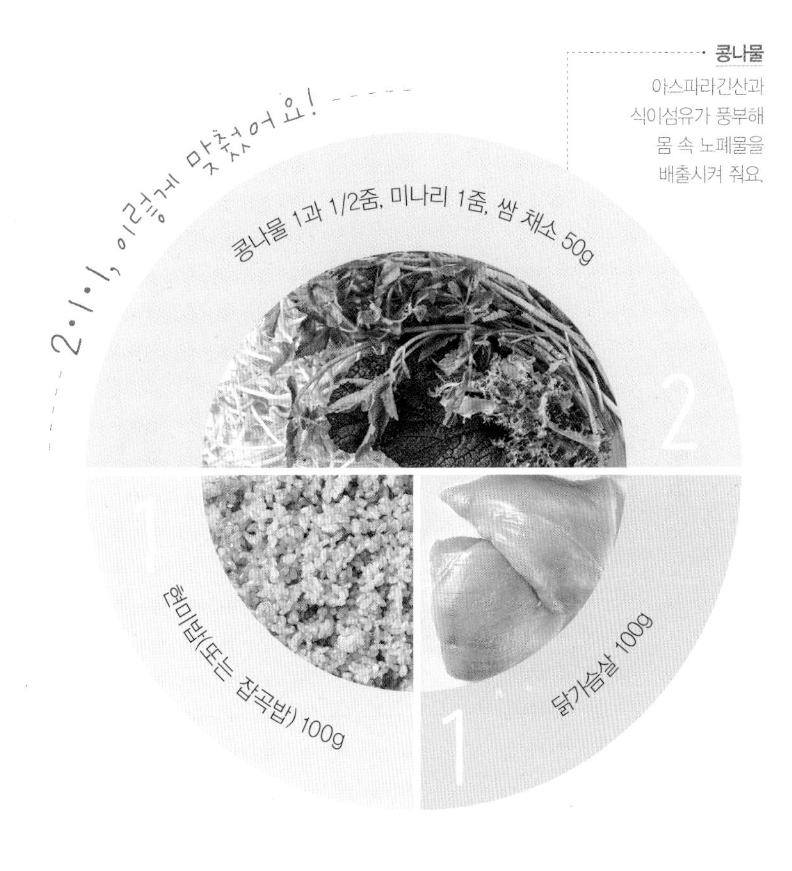

콩나물
아스파라긴산과 식이섬유가 풍부해 몸 속 노폐물을 배출시켜 줘요.

Low GL & 2·1·1 식단 포인트!

- 닭가슴살 삶은 물을 활용해 감칠맛을 살리고 양념 재료를 최소화해 Low GL 식사를 방해하는 염분 섭취를 줄였어요.
- 쌈을 싸 먹는 식사법은 채소를 듬뿍 섭취할 수 있어 GL을 낮춰줄뿐만 아니라 포만감을 오래 유지할 수 있어 체중조절과 대사증후군 예방, 관리에 도움이 됩니다.
- 설탕 대신 매실청을 사용해 당분 섭취는 줄이고 상큼한 향을 더했습니다.

함경도식 닭무침 비빔밥

kcal	325
나트륨(mg)	635

25~35분 / 1인분

- 따뜻한 현미밥(또는 잡곡밥) 100g
- 닭가슴살 1쪽(100g)
- 콩나물 1과 1/2줌(또는 숙주, 75g)
- 소금 약간

양념

- 고춧가루 1/2큰술
- 닭가슴살 삶은 물 2큰술
- 다진 마늘 1/2작은술
- 양조간장 2작은술
- 매실청(또는 올리고당) 1작은술
- 참기름 1작은술
- 후춧가루 약간

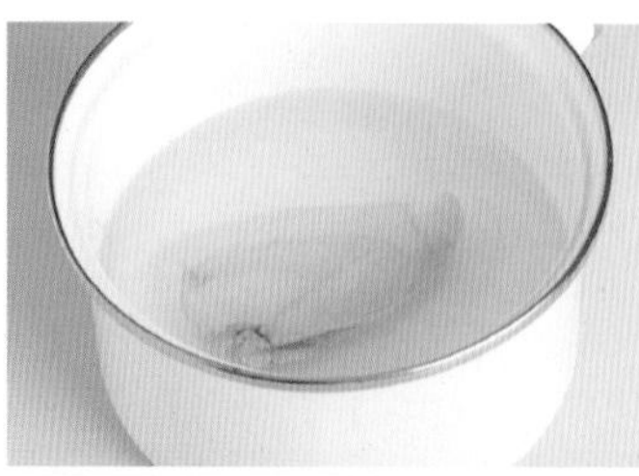

1 냄비에 닭가슴살과 잠길 만큼의 물을 붓고 센 불에서 끓어오르면 약한 불로 줄여 12분간 삶는다.

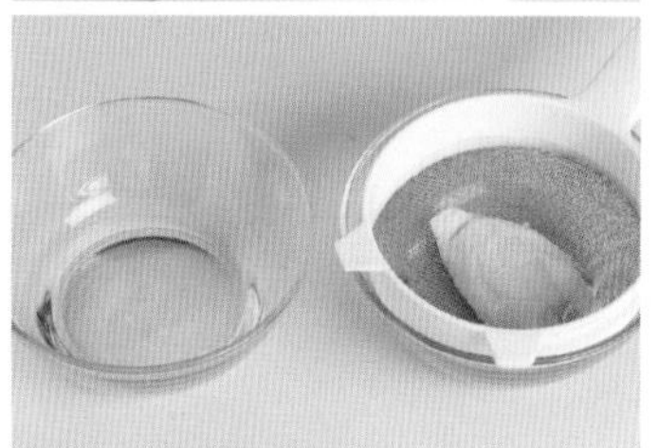

2 큰 볼에 닭가슴살 삶은 물 2큰술을 덜어둔 후 체에 밭쳐 물기를 뺀다.

3 삶은 닭가슴살은 한 김 식혀 결대로 도톰하게 찢는다.

4 냄비에 물 1/2컵과 콩나물, 소금을 넣은 후 뚜껑을 덮고 센 불에서 끓어오르면 약한 불로 줄여 4분간 익힌 후 체에 밭쳐 물기를 뺀다.

5 ②의 볼에 양념 재료를 넣어 섞은 후 닭가슴살을 넣어 버무린다.

6 그릇에 현미밥을 담고 콩나물과 ⑤를 올린다.
★ 쌈 채소를 곁들여도 좋다.

미나리무침

kcal	51
나트륨(mg)	192

10~20분 / 1인분

- 미나리 1줌(또는 참나물, 70g)

양념

- 통깨 1작은술
- 참기름 1작은술
- 소금 약간

1 미나리는 지저분한 잎을 떼어내고 흐르는 물에 씻어 체에 밭쳐 물기를 뺀 후 3cm 길이로 썬다.

2 큰 볼에 미나리와 양념 재료를 넣어 버무린다.

Tip

단백질을 곁들여 더 든든하게 즐기기

새우 5마리(또는 쇠고기 안심, 닭안심 100g)를 밑간(청주 1작은술, 소금 약간, 통후추 간 것 약간)한 후 달군 팬에 넣어 노릇하게 구워요. 미나리무침에 곁들여 든든하게 즐겨도 좋아요.

kcal 491
eGL 27
나트륨 (mg) 439
저염
혈관 건강
대장 건강
피로 해소
항산화

땡초 닭안심 마늘볶음밥 + 호두드레싱 당근샐러드

최소한의 양념으로 맛을 낸 가벼운 볶음밥과 색다른 샐러드로 구성한 식단입니다.
호두로 만든 드레싱에 버무린 당근샐러드로 당근의 매력에 빠져 보세요.

Low GL & 2·1·1 식단 포인트!

- 기름으로 볶는 조리법을 사용해 GL을 낮췄어요.
- 혈당을 천천히 올리는 데 도움이 되는 불포화지방이 풍부한 호두로 드레싱을 만들어 GL을 낮췄어요.
- 샐러드는 채소를 듬뿍 섭취할 수 있고 포만감도 커 Low GL 식사로 좋은 메뉴입니다.

땡초 닭안심 마늘볶음밥

kcal	347
나트륨(mg)	151

20~30분 / 1인분

- 현미밥(또는 잡곡밥) 100g
- 닭안심 4쪽
  (또는 닭가슴살 1쪽, 100g)
- 양파 1/4개(50g)
- 마늘 5쪽
- 청양고추 1/2개(기호에 따라 가감)
- 어린잎 채소 1/2줌
  (또는 쌈 채소, 10g)
- 식용유 1작은술
- 후춧가루 약간

양념

- 맛술 2작은술
- 양조간장 1/2작은술

1 양파는 굵게 다지고 마늘은 편으로 썬다. 청양고추는 송송 썬다.

2 닭안심은 힘줄을 제거한 후 사방 1cm 크기로 썬다. 볼에 양념 재료를 넣어 섞는다.

3 달군 팬에 식용유를 두르고 양파와 마늘을 넣어 중간 불에서 2분, 닭안심을 넣고 2분간 볶는다.

4 현미밥, 청양고추, 양념을 넣어 1분간 볶은 후 불을 끄고 후춧가루를 넣어 섞는다.

5 그릇에 ④를 담고 어린잎 채소를 올린다.

닭가슴살을 생새우살로 대체하기

닭가슴살을 생략하고 냉동 생새우살 6마리(킹사이즈, 90g)를 찬물에 담가 해동한 후 사방 1cm 크기로 썰어 과정 ③에 닭안심 대신 넣어요.

호두드레싱 당근샐러드

kcal	144
나트륨(mg)	288

15~25분 / 1인분

- 당근 1/5개(40g)
- 쌈 케일 5장(또는 시금치 1/2줌, 25g)

호두드레싱

- 다진 호두(또는 다른 견과류) 1큰술
- 하프 마요네즈 1큰술
- 연겨자 1/2작은술
- 올리고당 1/2작은술
- 소금 약간
- 통후추 간 것 약간

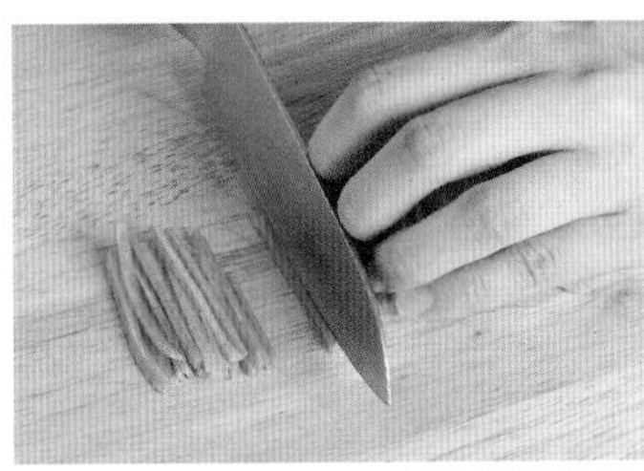

1 당근은 가늘게 채 썬다.

2 쌈 케일은 2등분한 후 1cm 폭으로 썬다.

3 큰 볼에 드레싱 재료를 넣어 섞은 후 당근, 쌈 케일을 넣고 버무린다.

샌드위치로 속 재료로 활용하기

달군 팬에 식용유 약간을 두른 후 달걀 1개를 넣어 앞뒤로 각각 1분 30초씩 익혀요. 구운 곡물 식빵에 호두드레싱 당근샐러드, 달걀프라이를 올리고 나머지 식빵으로 덮어 샌드위치로 즐겨도 좋습니다.

kcal 471
eGL 26
나트륨 (mg) 399
저염
대장 건강
뼈 건강
피로 해소
항산화

매콤 참치무침과 배추쌈밥 + 들깨 연근전

아삭하고 수분이 많은 알배기배추에 매콤하게 무친 참치무침을 싸 먹는 메뉴예요.
연근전은 밀가루 대신 들깻가루를 묻혀 고소함과 건강을 더했답니다.

Low GL & 2·1·1 식단 포인트!

- 쌈을 싸 먹는 식사법은 채소를 듬뿍 섭취할 수 있어 GL을 낮춰줄뿐만 아니라 포만감을 유지하고, 대사증후군 관리에도 도움을 줍니다.
- 참치무침에 매운맛이 있는 양파, 청양고추 등을 넣어 적은 양의 양념으로도 맛있게 먹을 수 있고 식이섬유도 많이 섭취할 수 있도록 했어요.
- 일반적으로 전을 부칠 때 쓰는 밀가루는 GL이 높은 재료예요. 그래서 연근전에는 풍미를 살리고 불포화지방이 풍부해 GL을 낮춰주는 들깻가루를 사용했어요.

매콤 참치무침과 배추쌈밥

kcal	338
나트륨(mg)	161

15~25분 / 1인분

- 따뜻한 현미밥(또는 잡곡밥) 100g
- 알배기배추 5장(150g)
- 마일드 통조림 참치 1캔
  (작은 것, 또는 통조림 연어, 100g)
- 양파 1/7개(30g)
- 청양고추 1/2개
  (또는 풋고추, 생략 가능)

양념

- 통깨 1/2작은술
- 고춧가루 1작은술
- 고추장 1작은술
- 올리고당 1/2작은술
- 참기름 1작은술
- 후춧가루 약간

1 양파는 사방 0.5cm 크기로 썰고
청양고추는 송송 썬다.

2 통조림 참치는 체에 밭쳐
숟가락으로 눌러가며 물기를 뺀다.

3 볼에 양념 재료를 넣어 섞은 후
참치, 양파, 청양고추를 넣어 섞는다.

4 그릇에 ③을 담고 현미밥과
알배기배추를 곁들인다.

비빔밥으로 즐기기
알배기배추 3장은 가늘게 채 썰어요.
볼에 모든 재료를 넣어 비빔밥으로
즐겨도 좋아요.

들깨 연근전

kcal	133
나트륨(mg)	238

20~30분 / 1인분

- 연근 지름 5cm, 길이 3cm(50g)
- 들깻가루 1큰술
- 식용유 1작은술

달걀물

- 달걀 1/2개분
- 소금 약간

1 연근은 껍질을 벗긴 후 0.3cm 두께로 모양대로 썬다.

2 위생팩에 연근과 들깻가루를 넣은 후 흔들어 묻힌다.

3 볼에 달걀물 재료를 넣어 섞은 후 ②의 연근을 넣고 골고루 묻힌다.

4 달군 팬에 식용유를 두르고 ③을 올려 약한 불에서 앞뒤로 각각 3분씩 굽는다.

연근 보관하기

연근은 랩을 씌워 서늘한 곳에 보관해야 합니다. 또는 연근을 먹기 좋은 크기로 썰어 식촛물에 데친 후 냉동 보관해 두었다가 요리에 활용해도 돼요.

kcal 406
eGL 21
나트륨 (mg) 797
혈관 건강
대장 건강
피로 해소
항산화

무생채 비빔밥 + 닭안심 아몬드볶음

고깃집 인기 메뉴인 무채비빔밥을 가볍게 만들었어요. 여기에 지방이 적은 닭안심과 고소한 아몬드를 볶아 만든 반찬을 곁들여 영양 균형을 맞춘 한 끼입니다.

Low GL & 2·1·1 식단 포인트!

- 무생채 비빔밥으로 통곡물과 채소를, 닭안심 아몬드볶음으로 단백질 식품을 채워 2·1·1을 맞췄어요.
- 몸에 좋은 불포화지방이 풍부한 견과류를 듬뿍 넣어 GL을 낮췄어요.
- 무생채를 듬뿍 넣어 밥양이 적어도 포만감을 주며 풍부한 채소와 함께 먹으면 탄수화물의 소화, 흡수 속도를 조절할 수 있어요.

무생채 비빔밥

kcal	206
나트륨(mg)	399

25~35분 / 1인분

- 따뜻한 현미밥(또는 잡곡밥) 100g
- 무 지름 10cm, 두께 0.5cm 3토막(150g)
- 어린잎 채소 1줌 (또는 쌈 채소, 20g)
- 조미 김 부순 것 1장(A4 용지 크기)
- 소금 1/4작은술

양념

- 통깨 1/2작은술
- 고춧가루 1작은술
- 다진 마늘 1/2작은술
- 식초 1작은술
- 고추장 1/2작은술
- 올리고당 1/2작은술
- 참기름 1작은술

1 무는 0.5cm 두께로 채 썰어 볼에 넣고 소금을 뿌려 버무린 후 10분간 절인다.

2 절인 무를 흐르는 물에 헹궈 물기를 꼭 짠다.

3 볼에 양념 재료를 넣어 섞은 후 무를 넣어 버무린다.

4 그릇에 현미밥을 담고 ③의 무생채와 어린잎 채소를 올린 후 부순 조미 김을 뿌린다.

달걀프라이 곁들여 든든하게 즐기기

달군 팬에 식용유 약간을 두른 후 달걀 1개를 넣어 앞뒤로 각각 1분 30초간 익힌 후 곁들여도 좋아요.

닭안심 아몬드볶음

kcal	200
나트륨(mg)	398

20~30분 / 1인분

- 닭안심 4쪽
  (또는 닭가슴살 1쪽, 100g)
- 쪽파 4줄기
  (또는 대파 10cm 2대, 32g)
- 아몬드 슬라이스 1큰술
  (또는 다진 견과류, 10g)
- 소금 약간

밑간

- 식용유 1작은술
- 소금 약간
- 통후추 간 것 약간

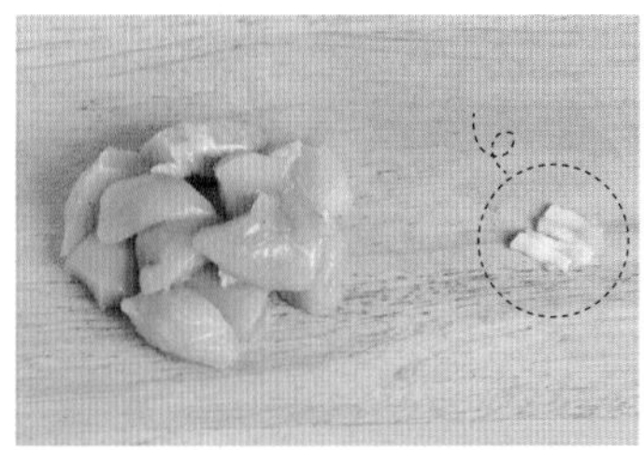

1 닭안심은 힘줄을 제거하고 한입 크기로 썬다.

2 손질한 닭안심은 밑간 재료와 버무려 10분간 재운다.

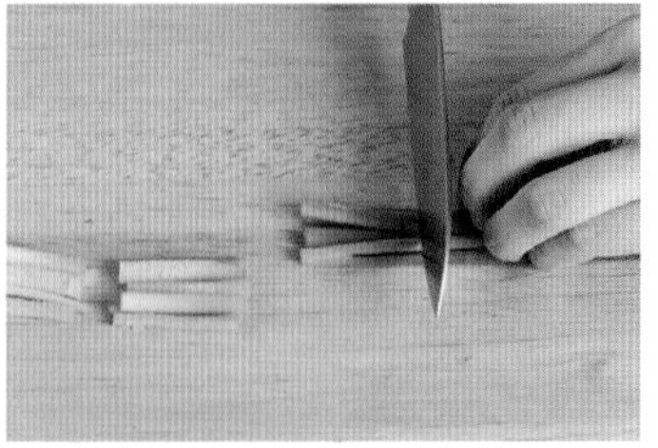

3 쪽파는 3cm 길이로 썬다.

4 달군 팬에 ②를 넣고 중간 불에서 3분간 볶는다.

5 쪽파, 아몬드 슬라이스, 소금을 넣고 센 불로 올려 30초간 더 볶는다.

청양고추를 넣어 매콤하게 즐기기
송송 썬 청양고추 1/2개를 과정 ⑤에 쪽파와 함께 넣어 볶아요.

kcal 460
eGL 23
나트륨 (mg) 576
저염
대장 건강

버섯볶음 채소비빔밥 + 황태채 마늘조림

식이섬유가 풍부하고 쫄깃한 식감이 좋은 버섯볶음 채소비빔밥에 짭조롬한 황태채 마늘조림을 곁들여 보세요. 황태채 불린 물을 사용해 감칠맛을 살렸어요.

황태채

고단백, 저열량 식품으로 간 건강에 도움을 주는 아미노산이 풍부해요. 자체에 간이 있으므로 다른 양념은 최소한으로 사용하는 것이 좋아요.

Low GL & 2·1·1 식단 포인트!

- 버섯볶음 채소비빔밥은 채소를 듬뿍 넣고 달걀프라이를 더해 한 그릇의 영양 균형이 좋아요.
- 비빔밥에 볶은 버섯을 올려 식감을 살리고 맛과 영양을 더했어요.
- 들기름을 넣어 풍미를 살리고 오메가-3 지방산 등 불포화지방을 섭취할 수 있도록 했어요.

버섯볶음 채소비빔밥

kcal	346
나트륨(mg)	423

20~30분 / 1인분

- 따뜻한 현미밥(또는 잡곡밥) 100g
- 모둠 버섯 100g(느타리버섯, 참타리버섯, 표고버섯 등)
- 쌈 채소(상추, 깻잎 등) 50g
- 대파 10cm
- 달걀 1개
- 식용유 1작은술
- 고추장 1/2큰술
- 들기름 1작은술

양념

- 물 3큰술
- 다진 마늘 1/2작은술
- 국간장 1/2작은술

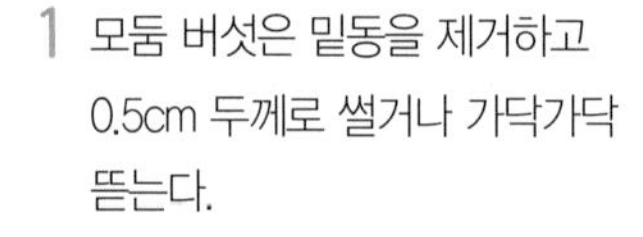

1 모둠 버섯은 밑동을 제거하고 0.5cm 두께로 썰거나 가닥가닥 뜯는다.

2 쌈 채소는 한입 크기로 썬다. 대파는 송송 썬다. 볼에 양념 재료를 넣어 섞는다.

3 달군 팬에 식용유를 두르고 달걀을 올려 중약 불에서 1분 30초간 익힌 후 덜어둔다.
★ 완숙으로 즐기려면 뒤집어 1분간 더 익힌다.

4 팬을 다시 달궈 모둠 버섯과 대파를 넣고 중간 불에서 2분, 양념을 넣고 1분간 더 볶는다.

5 그릇에 현미밥을 담고 쌈 채소와 버섯볶음, 달걀프라이를 올린 후 고추장과 들기름을 곁들인다.

황태채 마늘조림

kcal	114
나트륨(mg)	153

15~25분 / 1인분

- 황태채 1/2컵(10g)
- 마늘 5쪽
- 식용유 1작은술

양념

- 황태채 불린 물 1/4컵(50㎖)
- 청주 2작은술
- 양조간장 1/2작은술
- 올리고당 1/2작은술
- 후춧가루 약간

1 황태채는 가위로 2cm 길이로 자른다. 마늘은 편으로 썬다.

2 볼에 황태채와 따뜻한 물 1/4컵(50㎖)을 넣어 적신 후 물기를 꼭 짠다. 이때 황태채 불린 물을 다른 볼에 덜어둔다.

3 황태채 불린 물이 들어있는 볼에 나머지 양념 재료를 넣어 섞는다.

4 달군 팬에 식용유를 두르고 마늘을 넣어 약한 불에서 3분, 황태채를 넣어 1분간 볶는다.

5 양념을 넣고 2분간 조린다.

구운 두부김밥 + 유자청드레싱 쑥갓샐러드 + 채소스틱

김밥의 열량이 꽤 높다는 사실 아시나요? 더 가볍게 즐길 수 있는 두부김밥을 소개합니다.
두부를 넣어 담백한 김밥에 유자청과 쑥갓으로 만들어 향긋한 샐러드를 곁들였어요.

Low GL & 2·1·1 식단 포인트!

- 샐러드와 채소스틱으로 채소를, 구운 두부김밥으로 단백질 식품과 통곡물을 채워 2·1·1 균형이 좋은 식단입니다. 채소스틱을 방울토마토로 대체해도 좋아요.
- 지용성 비타민이 풍부한 당근을 기름에 볶아 영양소 흡수율을 높였어요.
- 배추김치를 한 번 씻어내 염도를 낮췄어요.

구운 두부김밥

kcal	400
나트륨(mg)	732

40~50분 / 1인분

- 따뜻한 현미밥(또는 잡곡밥) 100g
- 김밥 김 1장(A4 용지 크기)
- 두부 작은 팩 1/3모(부침용, 75g)
- 당근 1/4개(50g)
- 익은 배추김치 1/5컵(30g)
- 달걀 1개
- 식용유 1/2작은술 + 1/2작은술

밥 양념

- 통깨 1/2작은술
- 참기름 1/2작은술
- 소금 약간

양념

- 맛술 2작은술
- 양조간장 1/2작은술
- 물 1/4컵(50㎖)

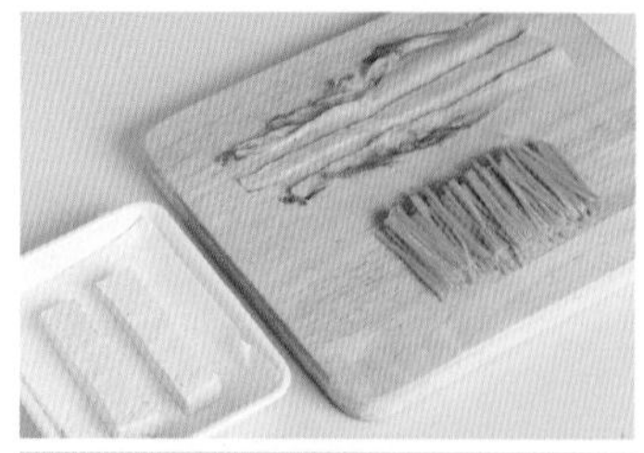

1 두부는 2등분한 후 키친타월에 올려 10분간 물기를 뺀다. 배추김치는 흐르는 물에 씻어 물기를 꼭 짠 후 길게 2등분한다. 당근은 가늘게 채 썬다.

2 볼에 달걀을 넣어 풀고 다른 볼에 현미밥과 밥 양념 재료를 넣어 섞는다. 또 다른 볼에 양념 재료를 넣어 섞는다.

3 달군 팬에 식용유 1/2작은술을 두른 후 ②의 달걀물을 넣고 펼쳐 중약 불에서 1분 30초간 익힌 후 뒤집어 1분간 익혀 그릇에 덜어둔다.

4 팬을 다시 달궈 식용유 1/2작은술을 두르고 당근을 넣어 중간 불에서 1분간 볶은 후 그릇에 덜어둔다.

5 팬을 닦은 후 다시 달궈 두부를 올리고 중약 불에서 3분간 굴려가며 각 면을 구운 후 ②의 양념을 붓고 2분간 조린다.

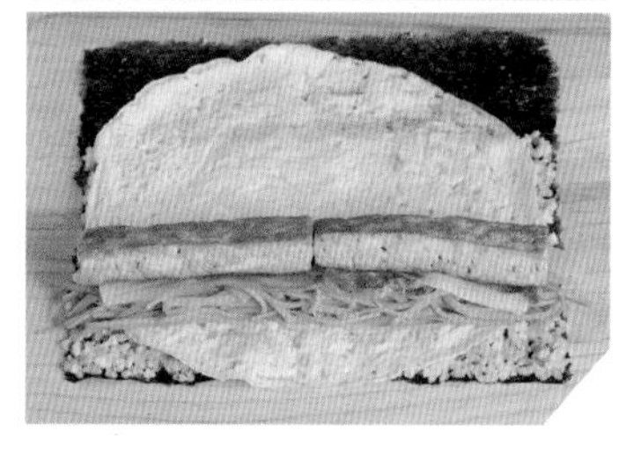

6 김밥 김의 3/4지점까지 밥을 펼쳐 올린 후 달걀 지단을 깔고 당근, 배추김치, 두부를 올려 돌돌 말아 한입 크기로 썬다.

유자청드레싱 쑥갓샐러드

kcal	56
나트륨(mg)	205

10~20분 / 1인분

- 쑥갓 1줌
  (또는 참나물 1줌, 쌈 채소, 50g)

드레싱

- 레몬즙 1작은술
- 유자청(또는 올리고당) 1작은술
- 올리브유 1작은술
- 소금 약간
- 통후추 간 것 약간

1 쑥갓은 한입 크기로 썬다.

2 큰 볼에 드레싱 재료를 넣어 섞는다.

3 ②의 볼에 쑥갓을 넣어 버무린다.

Tip

쑥갓 곤약 비빔국수로 즐기기

실곤약 1컵(120g)을 끓는 물에 넣어 데친 후 체에 밭쳐 물기를 빼고 찬물에 헹궈요. 볼에 실곤약과 유자청드레싱 쑥갓샐러드를 넣어 버무려요. 이때 쑥갓은 1/2줌으로 줄이고 드레싱은 2배로 늘리세요. 기호에 따라 삶은 달걀을 곁들여도 좋습니다.

kcal 420
eGL 24
나트륨 (mg) 963
대장 건강
뼈 건강
항산화

해초비빔밥 + 애호박 새우전

해초 특유의 비린내를 잡은 새콤 달콤 매콤한 비빔밥을 소개합니다.
밀가루 없이 달걀로 버무려 부친 애호박 새우전도 일품이에요.

모둠 해초
무기질, 철분, 타우린이 풍부하여 성인병 예방에 도움을 줘요. 식이섬유가 풍부하여 포만감을 오래 유지시켜주지요.

Low GL & 2·1·1 식단 포인트!

- 두부와 새우, 달걀로 단백질 식품을 채워 2·1·1을 맞췄어요.
- 해초는 수용성 식이섬유가 풍부해요. 이는 탄수화물의 소화, 흡수를 늦춰주므로 Low GL 식사에 도움을 줍니다.
- 탄수화물 함량이 많은 밥은 적게 먹되 포만감을 줄 수 있도록 채소와 두부를 듬뿍 넣었어요.

해초비빔밥

kcal	265
나트륨(mg)	540

20~30분 / 1인분

- 따뜻한 현미밥(또는 잡곡밥) 100g
- 두부 작은 팩 1/4모 (부침용, 또는 연두부, 약 53g)
- 시판 모둠 해초 1/2컵 (샐러드용, 50g)
- 새싹 채소 2줌 (또는 어린잎 채소 1줌, 20g)
- 양파 1/8개(25g)

양념장

- 통깨 간 것 1큰술
- 다진 마늘 1/4작은술
- 식초 2작은술
- 양조간장 1/2작은술
- 매실청(또는 올리고당) 1과 1/2작은술
- 고추장 1작은술

해초 구입하기

대형마트에서 쉽게 구할 수 있는 것은 샐러드용 모듬 해초예요. 보통은 염장이나 밑간이 되어 있으니 식촛물이나 찬물에 담가 염분을 제거하는 것이 좋아요.

1 냄비에 두부 데칠 물 3컵을 끓인다. 모둠 해초는 식촛물(물 2컵 + 식초 1큰술)에 담가 흔들어 씻은 후 체에 밭쳐 흐르는 물에 여러번 헹궈 그대로 물기를 뺀다.

2 해초는 먹기 좋은 길이로 썰고, 양파는 가늘게 채 썬다. 양파는 찬물에 담가 매운맛을 뺀 후 체에 밭쳐 물기를 뺀다.

3 새싹 채소는 체에 밭쳐 흐르는 물에 씻어 그대로 물기를 뺀다.

4 ①의 끓는 물에 두부를 넣고 1분간 데친 후 체에 밭쳐 물기를 뺀다. 볼에 양념장 재료를 넣어 섞는다.

5 그릇에 현미밥을 담고 모든 재료를 올린 후 양념장을 곁들인다.

애호박 새우전

kcal	155
나트륨(mg)	423

25~35분 / 1인분

- 냉동 생새우살 5마리 (킹사이즈, 또는 닭가슴살, 75g)
- 애호박 1/5개(약 60g)
- 식용유 1작은술

달걀물

- 달걀 1/2개분
- 다진 마늘 1/2작은술
- 소금 약간
- 후춧가루 약간

1 냉동 생새우살은 찬물에 10분간 담가 해동한 후 체에 밭쳐 물기를 뺀다.

2 애호박은 사방 1cm 크기로 썰고, 생새우살은 굵게 다진다.

3 볼에 달걀물 재료를 넣어 섞은 후 생새우살과 애호박을 넣고 한 번 더 섞는다.

4 달군 팬에 식용유를 두르고 ③을 1큰술씩 올린다.

5 중약 불에서 앞뒤로 각각 2분씩 굽는다.

kcal 464
eGL 22
나트륨 (mg) 742
대장 건강
뼈 건강
항산화

달걀쌈장 비빔밥 + 더덕 오이생채

밥 위에 어린잎 채소를 듬뿍 올리고 달걀로 만든 특별한 쌈장을 넣어 비벼 먹는 비빔밥입니다.
쌈장에는 견과류를, 더덕 오이생채에는 들깻가루를 넣어 불포화지방을 더했어요.

Low GL & 2·1·1 식단 포인트!

- 달걀쌈장은 달걀을 듬뿍 넣어 포만감이 크고 단백질도 채워줘 염도가 높은 시판 쌈장 대신 활용하기 좋아요.
- 식이섬유가 풍부한 채소를 더하여 2·1·1을 맞췄어요.
- 들깻가루와 견과류는 몸에 좋은 불포화지방이 많아 영양 균형을 이루고 GL을 줄이는데도 도움이 돼요.

달걀쌈장 비빔밥

kcal	396
나트륨(mg)	400

20~30분 / 1인분

- 따뜻한 현미밥(또는 잡곡밥) 100g
- 달걀 2개
- 어린잎 채소 2줌
  (또는 샐러드 채소, 40g)

쌈장

- 다진 양파 2큰술(20g)
- 다진 견과류 1/2큰술
  (호두, 아몬드 등, 5g)
- 된장 1/2작은술(집 된장 1/3작은술)
- 고추장 1작은술
- 올리고당 1/2작은술
- 참기름 1작은술

삶은 달걀 대신 스크램블에그 곁들이기

과정 ①, ②를 생략하고 볼에 달걀 2개를 넣어 풀어요. 달군 팬에 달걀물을 넣어 30초간 그대로 둔 후 젓가락으로 30초간 저어가며 익혀요. 과정 ③에 쌈장 재료와 스크램블한 달걀을 섞은 후 현미밥, 어린잎 채소와 함께 비벼 먹어요.

1 냄비에 달걀과 잠길 만큼의 물을 붓고 센 불에서 끓어오르면 약한 불로 줄여 12분간 삶는다.

2 한 김 식혀 껍데기를 벗기고 볼에 담아 포크로 으깬다.

3 ②의 볼에 쌈장 재료를 넣어 섞는다.

4 그릇에 현미밥을 담고 어린잎 채소와 ③을 올린다.

더덕 오이생채

kcal	68
나트륨(mg)	342

25~35분 / 1인분

- 껍질 깐 더덕 2개
  (또는 당근 1/5개, 40g)
- 오이 1/4개(50g)
- 소금 1/4작은술

양념

- 들깻가루(또는 통깨 간 것) 1큰술
- 식초 1작은술
- 양조간장 1/2작은술
- 올리고당 1/2작은술

1 더덕은 0.5cm 두께로 채 썰고, 오이는 길게 2등분한 후 0.5cm 두께로 썬다.

2 볼에 더덕, 오이, 소금을 넣어 버무린 후 10분간 둔다.

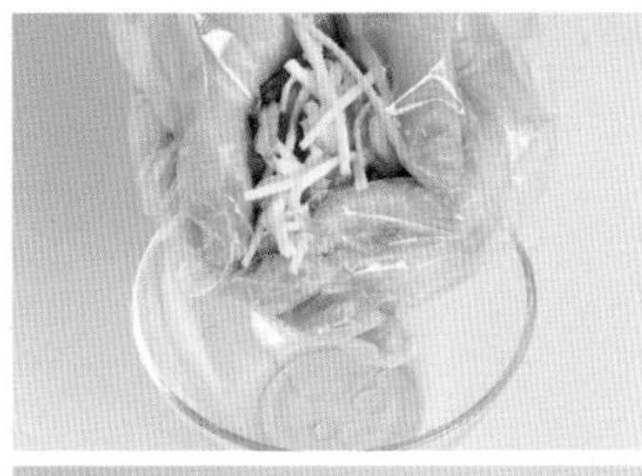

3 ②를 찬물에 헹군 후 물기를 꼭 짠다.

4 큰 볼에 양념 재료를 넣어 섞은 후 더덕과 오이를 넣어 버무린다.

Tip

닭가슴살 더덕 오이생채로 즐기기

통조림 닭가슴살 작은 것 1캔 (90g, 또는 데친 닭가슴살 잘게 찢은 것 1쪽분)을 체에 밭쳐 국물을 제거한 후 과정 ④에 넣어 버무려요. 이때 양념은 2배로 늘리세요.

kcal 488
eGL 20
나트륨 (mg) 479
저염
혈관 건강
대장 건강
항산화

두부양념장의 콩나물밥 + 매콤 돼지고기 깻잎볶음

한국인이 가장 좋아하는 돼지고기볶음에 콩나물밥을 곁들여
채소도 듬뿍 섭취할 수 있는 식단입니다.

돼지고기 안심
지방이 거의 없는 가장 부드러운 부위로 다른 부위에 비해 살코기의 색이 붉은 편이에요. 비타민 B_1이 풍부해 곡물에 부족한 영양을 채워줘 궁합이 잘 맞아요.

Low GL & 2·1·1 식단 포인트!

- 두부와 돼지고기로 단백질을, 현미밥으로 통곡물을, 콩나물과 각종 채소로 2·1·1을 맞췄어요.
- 많은 양의 콩나물을 섭취할 수 있도록 데쳤어요. 너무 푹 삶는 것 보다는 살짝만 데치는 것이 식감도 살리고 GL을 낮추는데 도움이 돼요.
- 콩나물과 두부를 듬뿍 넣어 밥 양이 적어도 포만감이 커요.

두부양념장의 콩나물밥

kcal	251
나트륨(mg)	212

15~25분 / 1인분

- 현미밥(또는 잡곡밥) 100g
- 콩나물 1과 1/2줌(75g)

양념장

- 두부 작은 팩 1/4모(부침용, 약 53g)
- 송송 썬 쪽파 1줄기분
- 통깨 1/2작은술
- 양조간장 1/2작은술
- 된장 1/2작은술(집 된장 1/3작은술)
- 올리고당 1/2작은술
- 참기름 1/2작은술

1 냄비에 두부 데칠 물 3컵을 끓인다. 내열 용기에 현미밥과 콩나물을 넣는다.

2 뚜껑을 닫아 전자레인지(700W)에서 3분간 익힌다.

3 ①의 끓는 물에 두부를 넣어 1분간 데친 후 체에 밭쳐 물기를 뺀다.

4 볼에 두부를 넣어 으깬 후 나머지 양념장 재료를 넣어 섞는다.

5 그릇에 ②를 담고 양념장을 곁들인다.

매콤 돼지고기 깻잎볶음

kcal	237
나트륨(mg)	267

30~40분 / 1인분

- 돼지고기 안심
  (또는 닭가슴살 2/3쪽) 70g
- 양파 1/4개(50g)
- 깻잎 5장
- 청양고추 1/2개(생략 가능)
- 식용유 1작은술
- 후춧가루 약간

양념

- 고춧가루 1작은술
- 맛술 2작은술
- 양조간장 1/2작은술
- 고추장 1작은술

1 양파는 1cm 두께로 썰고, 깻잎은 2등분한 후 1cm 폭으로 썬다. 청양고추는 송송 썬다.

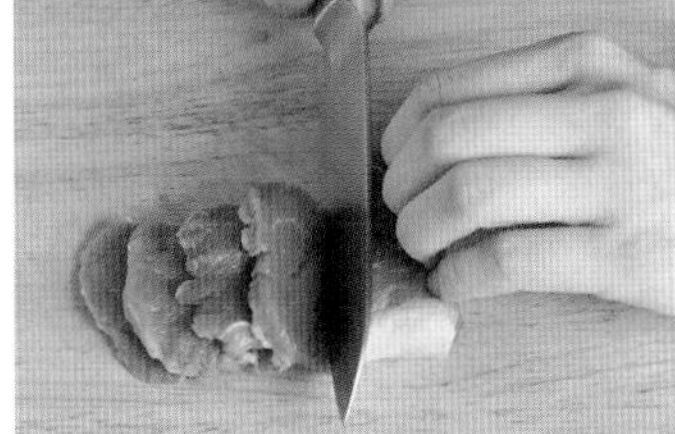

2 돼지고기는 0.5cm 두께로 모양대로 썬다.

3 볼에 양념 재료를 넣어 섞은 후 양파, 청양고추, 돼지고기를 넣고 버무려 10분간 재운다.

4 달군 팬에 식용유를 두르고 ③을 넣어 중약 불에서 3분간 볶는다.

5 불을 끄고 깻잎과 후춧가루를 넣어 섞는다.

간장 양념으로 즐기기

양념 재료에서 고춧가루와 고추장을 생략하고 양조간장을 1과 1/2작은술로 늘려요. 나머지 과정은 동일하게 진행해요.

매콤 두부소보로 버섯비빔밥 + 오이 파프리카 간장무침 + 들깨 미역국 43쪽

담백한 두부를 양념장처럼 만들어 버섯, 밥과 함께 비벼먹는 비빔밥을 소개할게요.
아삭한 식감을 더할 수 있는 오이 파프리카 간장무침과 함께 먹으면 가벼운 점심 완성!

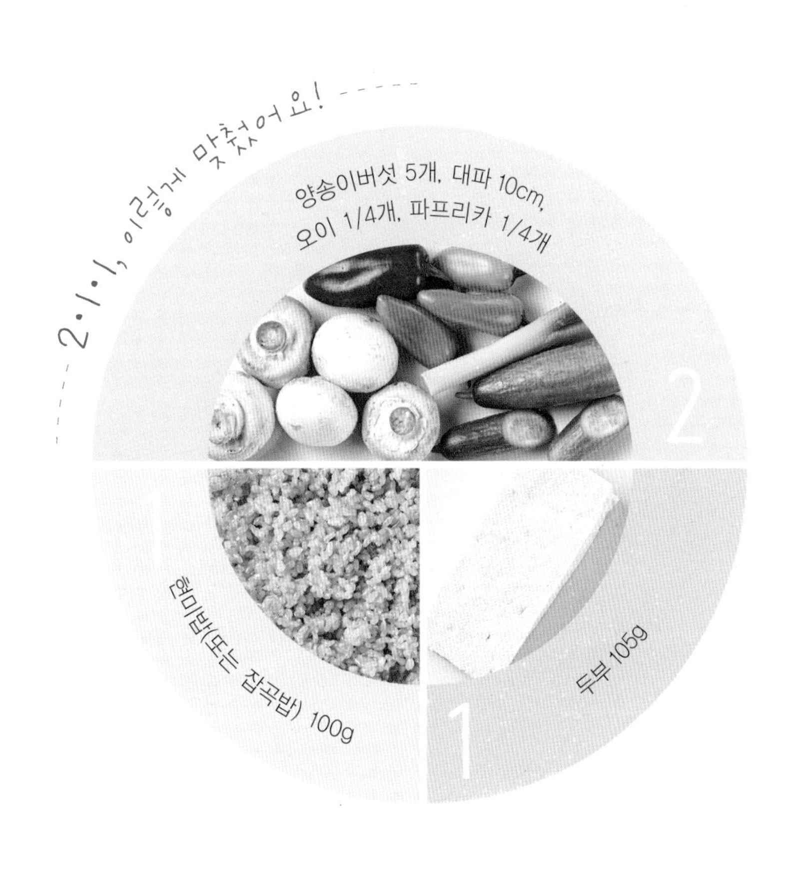

Low GL & 2·1·1 식단 포인트!

- 두부를 듬뿍 넣어 단백질이 풍부한 비빔밥에, 부족한 채소 섭취를 위해 오이 파프리카 간장무침을 곁들여 2·1·1을 맞춘 식단입니다.
- 오이는 껍질째 사용해 식이섬유 섭취량을 늘려 GL도 낮추고 미량 영양소와 파이토케미컬 등을 모두 챙기는데 도움이 돼요.
- 오이 파프리카 간장무침은 채소를 살짝 절여 아삭한 식감은 살리고 간장으로 양념한 색다른 저염 반찬이에요.

매콤 두부소보로 버섯비빔밥

kcal	331
나트륨(mg)	547

15~25분 / 1인분

- 따뜻한 현미밥(또는 잡곡밥) 100g
- 양송이버섯 5개(또는 다른 버섯, 100g)
- 두부 작은 팩 1/2모(부침용, 105g)
- 대파 10cm
- 소금 약간

양념

- 물 1큰술
- 고춧가루 1작은술
- 다진 마늘 1/2작은술
- 양조간장 1/2작은술
- 올리고당 1/2작은술
- 고추장 2작은술
- 참기름 1작은술

1 양송이버섯은 밑동을 제거하고 0.5cm 두께로 썬다. 대파는 송송 썰어 찬물에 담가 매운맛을 제거하고 체에 밭쳐 물기를 뺀다.

2 두부는 칼 옆면으로 으깬다. ★ 키친타월을 깔고 으깨면 더 잘 으깨진다.

3 볼에 양념 재료를 넣어 섞는다.

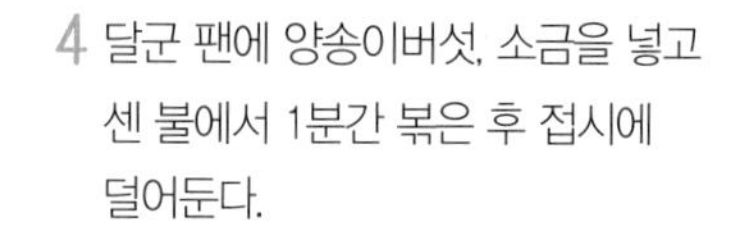

4 달군 팬에 양송이버섯, 소금을 넣고 센 불에서 1분간 볶은 후 접시에 덜어둔다.

5 팬을 닦은 후 다시 달궈 두부를 넣고 약한 불에서 2분, 양념을 넣고 2분간 볶는다.

6 그릇에 현미밥, 버섯볶음, 두부소보로를 담은 후 대파를 올린다. ★ 통깨를 뿌려 고소한 맛을 더해도 좋다.

오이 파프리카 간장무침

kcal	28
나트륨(mg)	284

15~25분 / 1인분

- 오이 1/4개(50g)
- 파프리카 1/4개(50g)
  ★ 채소 동량 대체 가능
- 소금 약간

양념

- 통깨 1작은술
- 식초 1작은술
- 양조간장 1/2작은술
- 올리고당 1/2작은술

1 오이는 길게 2등분한 후 모양대로 얇게 썬다. 파프리카는 2×2cm 크기로 썬다.

2 볼에 오이와 소금을 넣고 버무려 10분간 절인다.

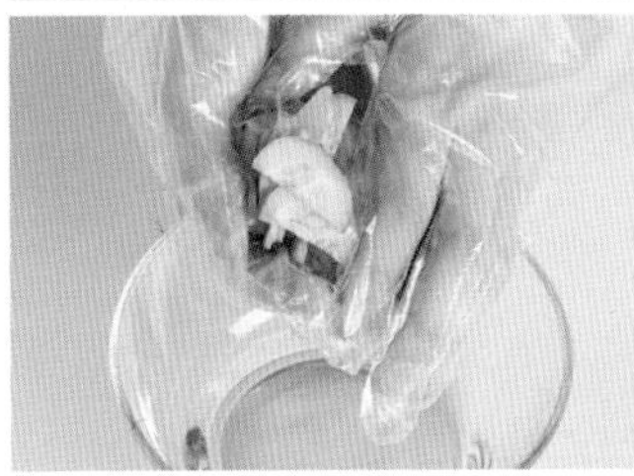

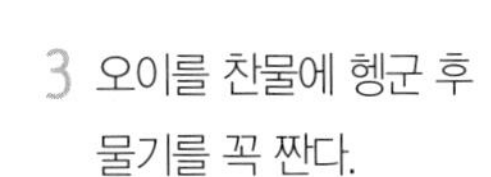

3 오이를 찬물에 헹군 후 물기를 꼭 짠다.

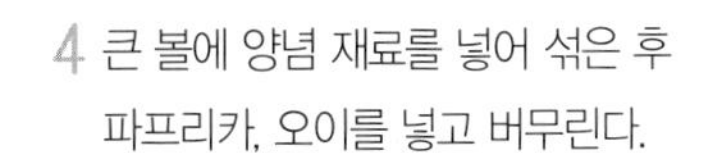

4 큰 볼에 양념 재료를 넣어 섞은 후 파프리카, 오이를 넣고 버무린다.

kcal 425
eGL 25
나트륨 (mg) 736
혈관 건강
대장 건강
뼈 건강
피로 해소

참나물 두부볶음밥 + 파프리카 묵무침

된장으로 깊은 맛을 낸 참나물 두부볶음밥과 파프리카 묵무침이면 점심 시간이 즐거워요.
색다르지만 익숙한 맛에 어르신들도 좋아하는 메뉴입니다.

파프리카
당분이 적고 열량이 낮아요.
비타민도 풍부해
생으로 즐기기 좋은
재료입니다.

Low GL & 2·1·1 식단 포인트!

- 탄수화물은 줄이고 포만감을 늘리기 위해 밥의 양은 줄이고 단백질 식품인 두부를 듬뿍 넣었어요.
- 기름에 볶는 조리법은 탄수화물의 소화, 흡수를 더디게 해 GL을 낮춰줘요. 두부를 기름에 구워 천천히 소화, 흡수되도록 했어요.
- 너무 푹 익히는 조리법은 Low GL 식사로는 좋지 않아요. 참나물은 마지막에 넣어 살짝만 볶는 것이 비타민과 무기질의 손실도 줄이고 향을 살리는 방법이에요.

참나물 두부볶음밥

kcal	365
나트륨(mg)	598

15~25분 / 1인분

- 현미밥(또는 잡곡밥) 100g
- 두부 큰 팩 1/2모(부침용, 150g)
- 참나물 1줌
  (또는 미나리 2/3줌, 50g)
- 마늘 3쪽
- 소금 약간
- 들기름 1작은술
- 후춧가루 약간

양념

- 맛술 2작은술
- 양조간장 1작은술
- 된장 1작은술(집 된장 1/2작은술)

1 두부는 사방 1cm 크기로 썬 후 키친타월에 올리고 소금을 뿌려 10분간 둔다.

2 참나물은 지저분한 잎을 떼어낸 후 흐르는 물에 씻어 물기를 빼고 1cm 길이로 썬다.

3 마늘은 편으로 썬다.
작은 볼에 양념 재료를 넣어 섞는다.

4 달군 팬에 들기름을 두르고 두부를 넣어 중간 불에서 1분, 마늘을 넣어 1분 30초간 볶는다.

5 현미밥과 양념을 넣어 1분간 더 볶는다.

6 참나물을 넣고 섞은 후 불을 끄고 후춧가루를 넣어 섞는다.

파프리카 묵무침

kcal	60
나트륨(mg)	137

15~25분 / 1인분

- 도토리묵 1/6모
  (또는 묵곤약, 두부, 50g)
- 파프리카 1/2개(또는 오이, 100g)

양념

- 고춧가루 1작은술
- 식초 1작은술
- 양조간장 1/2작은술
- 유자청(또는 올리고당) 1/2작은술
- 참기름 1/2작은술

1 도토리묵은 사방 2cm 크기로 썬다.

2 파프리카는 2×2cm 크기로 썬다.

3 큰 볼에 양념 재료를 넣어 섞은 후 도토리묵과 파프리카를 넣어 버무린다.

Tip

샐러드로 즐기기

삶은 달걀 1개를 사방 2cm 크기로 썰어 과정 ③에 넣어 버무려요. 이때 식초는 1작은술, 양조간장은 1/2작은술 더하세요.

kcal 421
eGL 26
나트륨 (mg) 875
대장 건강
피로 해소
항산화

볶은 김치 낫토덮밥 + 양배추 새우볶음

낫토를 맛있게 먹는 방법! 볶은 김치와 함께 즐겨보세요.
낫토는 실이 생기도록 충분히 섞은 후에 먹어야 건강에 더 도움이 돼요.

Low GL & 2·1·1 식단 포인트!

- 낫토를 즐긴다면 1팩 분량(50g)을 모두 넣어 덮밥을 만들고, 새우 없이 양배추 채소 볶음을 함께 먹어 2·1·1을 맞출 수 있어요.
- 낫토에는 단백질과 식이섬유가 모두 풍부해요. 대사증후군 예방, 관리를 위한 식단이나 다이어트 식단에도 좋은 재료입니다.
- 배추김치는 양념을 한 번 씻어내 염분 섭취를 줄였어요.

볶은 김치 낫토덮밥

kcal	253
나트륨(mg)	522

15~25분 / 1인분

- 따뜻한 현미밥(또는 잡곡밥) 100g
- 낫토 1/2팩(25g)
- 배추김치 1/5컵(30g)
- 양파 1/7개(30g)
- 쪽파 1줄기(또는 대파 10cm)
- 참기름 1/2작은술

양념

- 양조간장 1/2작은술
- 올리고당 1작은술
- 연겨자 1/2작은술

1 배추김치는 흐르는 물에 씻은 후 물기를 꼭 짜고 1×1cm 크기로 썬다.

2 양파는 1×1cm 크기로 썰고, 쪽파는 송송 썬다.

3 달군 팬에 참기름을 두르고 양파와 배추김치를 넣어 중약 불에서 3분간 볶는다.

4 볼에 낫토와 양념을 넣고 실이 생기도록 젓가락으로 20회 이상 충분히 섞는다.

5 그릇에 현미밥을 담고 ③과 ④를 올린 후 쪽파를 뿌린다.

양배추 새우볶음

kcal	168
나트륨(mg)	353

20~30분 / 1인분

- 냉동 생새우살 6마리 (킹사이즈, 90g)
- 양배추 5장(손바닥 크기, 150g)
- 대파 10cm
- 식용유 1작은술
- 소금 약간
- 통후추 간 것 약간

양념

- 고춧가루 1작은술
- 청주 1작은술
- 양조간장 1작은술
- 올리고당 1작은술

1 냉동 생새우살은 찬물에 10분간 담가 해동한 후 체에 밭쳐 물기를 뺀다. 볼에 양념 재료를 넣어 섞는다.

2 양배추는 1cm 폭으로 채 썰고, 대파는 열십(+)자로 4등분한다.

3 달군 팬에 식용유를 두르고 냉동 생새우살을 넣어 중간 불에서 1분간 볶는다.

4 양배추와 소금을 넣고 1분, 양념을 넣고 1분간 볶는다.

5 불을 끄고 대파와 통후추 간 것을 넣어 섞는다.

kcal	385
eGL	24
나트륨 (mg)	850

대장 건강 · 뼈 건강 · 항산화

데친 숙주와 낙지볶음 덮밥 + 참치 오이무침

매콤한 낙지볶음을 가볍게 즐기세요. 데친 숙주를 넣어 2·1·1을 맞추고 포만감도 주었습니다.
와사비를 넣어 깔끔한 참치 오이무침과 함께 먹으면 영양은 물론 맛의 균형도 좋아요.

낙지
지방이 거의 없고 타우린, 무기질과 아미노산이 듬뿍 들어 있어 보양 재료로 꼽히죠. 감칠맛이 있어 조리 시 양념을 많이 하지 않아도 맛있어요.

Low GL & 2·1·1 식단 포인트!

- 참치는 기름이 적은 마일드 참치를 사용하고 체에 밭쳐 기름을 한 번 더 제거해 열량을 낮췄어요.
- 오이는 껍질째 사용하는 것이 식이섬유뿐만 아니라 다양한 미량 영양소와 파이토케미컬 등을 섭취할 수 있어 좋아요.
- 숙주는 많은 양을 섭취할 수 있도록 볶았어요. 오래 볶는 것보다 살짝 볶는 것이 식감도 살리고 탄수화물의 흡수를 줄일 수 있어 좋아요.

데친 숙주와 낙지볶음 덮밥

kcal	272
나트륨(mg)	790

30~40분 / 1인분

- 따뜻한 현미밥(또는 잡곡밥) 100g
- 숙주 2줌(100g)
- 낙지 1/2마리(또는 주꾸미 2마리, 오징어 1/3마리, 75g)
- 쪽파 3줄기 (또는 대파 10cm 3대)
- 소금 약간
- 후춧가루 약간

양념

- 양조간장 1/2작은술
- 고추장 2작은술
- 올리고당 1작은술
- 참기름 1작은술

1 쪽파는 4cm 길이로 썬다. 볼에 양념 재료를 넣어 섞는다.

2 낙지는 손질한 후 볼에 넣고 밀가루 1작은술을 뿌린 후 박박 주물러 씻는다. 흐르는 물에 2~3번 행구고 체에 밭쳐 물기를 뺀다.

3 낙지 머리는 4등분하고 다리는 4cm 길이로 썬다.

4 달군 팬에 물 1/4컵(50㎖), 숙주, 소금을 넣고 센 불에서 1분간 볶은 후 체에 밭쳐 그대로 식힌다.

5 팬을 닦고 다시 달군 후 낙지를 넣어 중간 불에서 1분, 양념을 넣고 1분간 볶는다.

6 불을 끄고 쪽파와 후춧가루를 넣어 섞는다. 그릇에 현미밥을 담고 숙주와 낙지볶음을 올린다.

참치 오이무침

kcal	113
나트륨(mg)	60

5~15분 / 1인분

- 마일드 통조림 참치 1/2캔 (작은 것, 50g)
- 오이 1/4개(50g)

양념

- 하프 마요네즈 1큰술
- 연와사비(또는 연겨자) 1/2작은술
- 올리고당 1/2작은술
- 후춧가루 약간

1 통조림 마일드 참치는 체에 밭쳐 숟가락으로 눌러가며 기름기를 뺀다.

2 오이는 사방 1cm 크기로 썬다.

3 큰 볼에 양념 재료를 넣어 섞은 후 참치와 오이를 넣어 버무린다.

Tip

샌드위치 속재료로 활용하기

곡물 식빵 2장을 굽고
식빵 한 장에 참치 오이무침을
올린 후 나머지 한 장을 덮어
샌드위치로 만들어요.

Dinner

야식 생각 안나도록

포만감 좋은 저녁 2·1·1 식단

가족과 함께 즐기는 저녁 식사는 하루의 피로를 씻어주지요.
저녁 메뉴는 특별히 건강하면서도 온 가족이 함께 먹어도 손색없을 만큼
다채롭게 준비했어요. 또한, 열량이 높고 나트륨 함량이 많아
대사증후군의 위험 요소인 야식이 생각나지 않도록 **든든한 메뉴들로 구성했답니다**.
하루를 마무리하는 시간인 만큼 기름지고 **자극적이지 않아 위에 부담을 덜 주고**
나트륨 함량에도 신경 써 부기 예방과 숙면에 도움을 줄 거예요.

kcal 480
eGL 19
나트륨 (mg) 756
혈관 건강
대장 건강
항산화

현미밥 + 마늘 제육볶음 + 콩나물 부추무침 + 쌈 채소

양념을 적게 넣어 가벼운 제육볶음에 마늘을 듬뿍 넣어 풍미를 더했어요.
깔끔한 콩나물 부추무침과 쌈 채소를 곁들이면 든든한 저녁 한 끼로 손색없지요.

Low GL & 2·1·1 식단 포인트!

- 기름기가 적은 돼지고기 살코기로 단백질을 채워 건강해요.
- 쌈을 싸 먹는 식사법은 채소를 듬뿍 섭취할 수 있어 GL을 낮춰주고 포만감도 오래 유지되어 대사증후군 예방에 도움을 줍니다.
- 콩나물을 충분히 섭취할 수 있도록 살짝 데쳤어요.

마늘 제육볶음

kcal	261
나트륨(mg)	506

20~30분 / 1인분

- 돼지고기 불고기용(앞다릿살) 100g
- 마늘 5쪽
- 대파 10cm
- 식용유 1작은술

양념

- 고춧가루 1작은술
- 다진 마늘 1/2작은술
- 청주 1작은술
- 물 1작은술
- 양조간장 1작은술
- 올리고당 1작은술
- 고추장 2작은술
- 후춧가루 약간

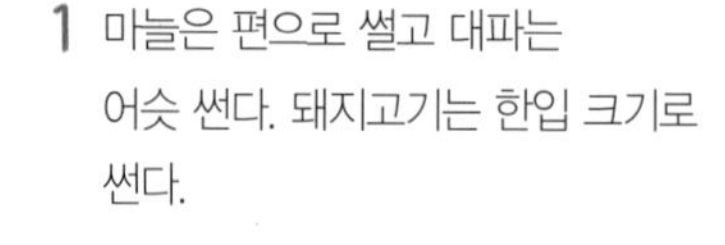

1 마늘은 편으로 썰고 대파는 어슷 썬다. 돼지고기는 한입 크기로 썬다.

2 볼에 양념 재료를 넣어 섞은 후 돼지고기를 넣고 버무려 10분간 재운다.

3 달군 팬에 식용유를 두르고 마늘을 넣어 중약 불에서 1분 30초간 볶는다.

4 돼지고기를 넣고 중간 불로 올려 4분, 대파를 넣어 1분간 볶는다.

볶음밥으로 즐기기

돼지고기는 1cm 두께로 썰어 양념 1/2 분량과 함께 버무려 재워요. 과정 ④에서 돼지고기를 볶은 후 현미밥 100g, 남은 양념, 대파를 넣고 1분간 볶으면 완성!

콩나물 부추무침

kcal	58
나트륨(mg)	245

10~20분 / 1인분

- 콩나물 2줌(100g)
- 부추 1/5줌(10g)
- 통깨 간 것 1작은술
- 소금 1/4작은술
- 참기름 1/2작은술

1 내열 용기에 콩나물과 물 1큰술을 넣고 뚜껑을 닫아 전자레인지(700W)에서 3분간 익힌 후 체에 밭쳐 물기를 뺀 후 그대로 식힌다.

2 부추는 4cm 길이로 썬다.

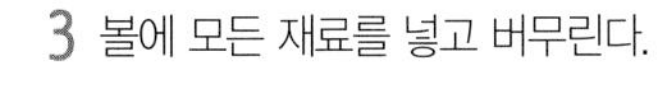

3 볼에 모든 재료를 넣고 버무린다.

kcal 499
eGL 20
나트륨 (mg) 755
혈관 건강
대장 건강
피로 해소

현미밥 + 돼지고기 안심수육 + 숙주 오이냉채 + 채소스틱 & 견과쌈장

촉촉하면서도 부드러운 돼지고기 안심수육! 가족과 함께 즐기는 건강한 저녁식사로 추천합니다.
겨자 소스로 무친 숙주 오이냉채를 곁들이면 밥을 적게 먹어도 든든하지요.

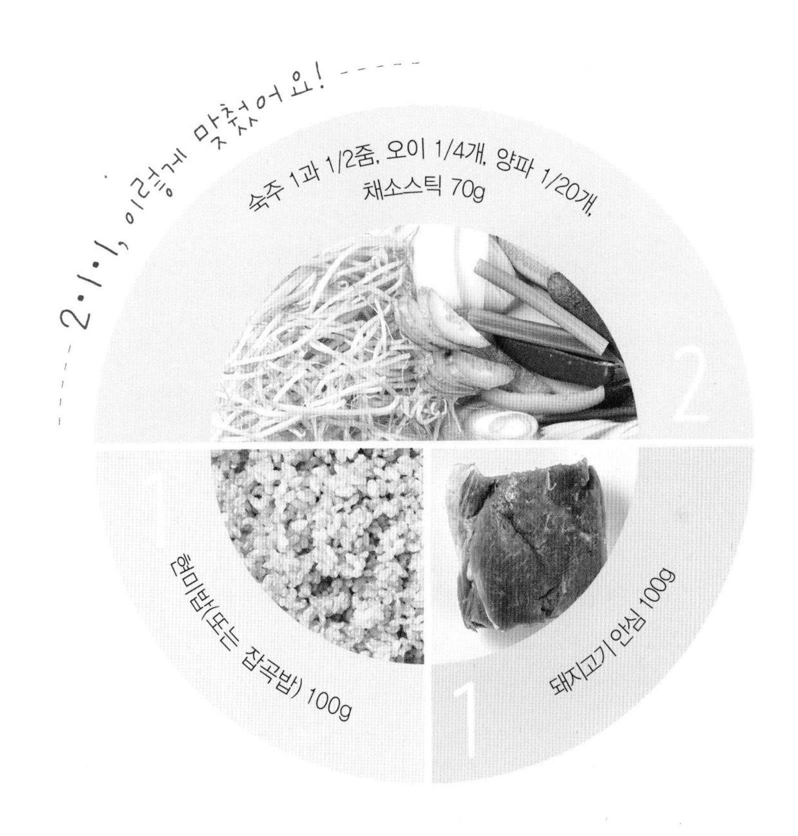

LowGL & 2·1·1 식단 포인트!

- 채소무침과 채소스틱, 기름기가 적은 돼지고기 안심, 현미밥으로 2·1·1 식사의 영양 균형을 맞췄어요.
- 나트륨 함량이 많은 시판 쌈장 대신 견과류를 듬뿍 넣어 만든 견과쌈장을 곁들여 염분 섭취는 줄이고 불포화지방은 채웠어요.
- 반찬이나 간식으로 먹는 채소스틱은 저작 작용을 촉진시켜 포만감을 주고 스트레스 해소에 도움을 준답니다.

돼지고기 안심수육

kcal	236
나트륨(mg)	49

50~60분 / 1인분

- 돼지고기 안심 100g
- 대파 10cm 2대
- 청주 1/2큰술
- 쌈 채소 50g

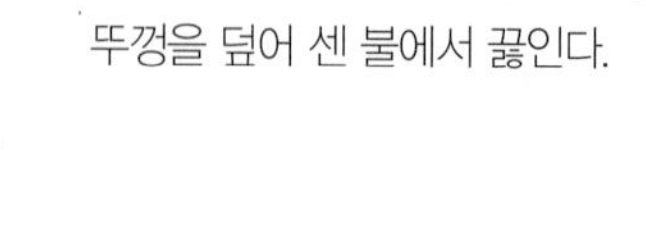

1 대파는 어슷 썬다. 냄비에 대파를 깔고 돼지고기 안심을 올린 후 물 1컵(200㎖), 청주를 넣고 뚜껑을 덮어 센 불에서 끓인다.

2 김이 오르면 약한 불로 줄여 40분간 익힌다.

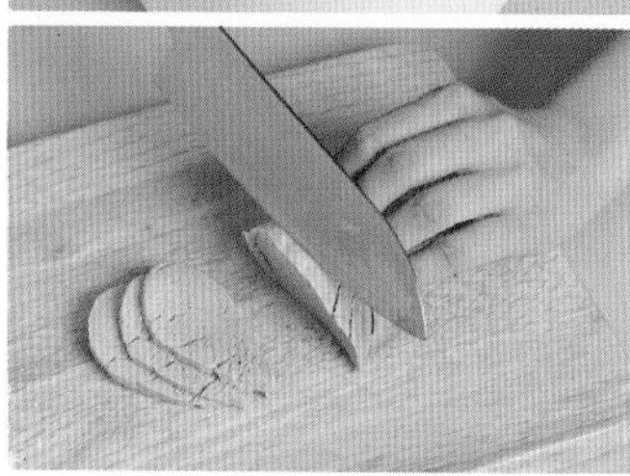

3 돼지고기 안심을 건진 후 한 김 식혀 0.5cm 두께로 썬다.

4 그릇에 담고 쌈 채소를 곁들인다.

닭가슴살수육으로 즐기기

돼지고기 안심 대신 닭가슴살 1쪽(100g)으로 대체한 후 나머지 과정은 동일하게 진행하되 과정 ②에서 익히는 시간을 20분으로 줄여요.

숙주 오이냉채

kcal	46
나트륨(mg)	372

15~25분 / 1인분

- 숙주 1과 1/2줌(75g)
- 오이 1/4개(50g)
- 양파 1/20개(10g)
- 소금 약간

겨자소스

- 연겨자 1작은술
- 올리고당 1작은술
- 다진 마늘 약간
- 식초 1과 1/2작은술
- 양조간장 1/3작은술

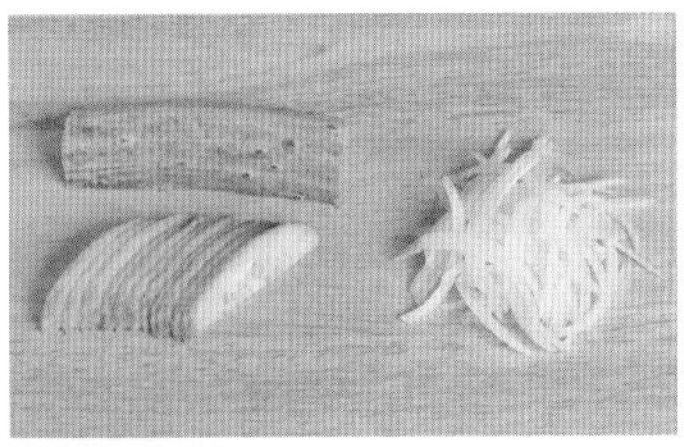

1 오이는 길게 2등분한 후 0.5cm 두께로 어슷 썰고 양파는 가늘게 채 썬다. 볼에 오이와 소금을 넣고 10분간 절인 후 찬물에 헹궈 물기를 꼭 짠다.

2 내열 용기에 숙주와 물 1큰술을 넣고 뚜껑을 닫아 전자레인지(700W)에 넣어 2분간 익힌 후 체에 밭쳐 물기를 뺀 후 그대로 식힌다.

3 큰 볼에 겨자소스 재료를 넣고 섞은 후 모든 재료를 넣어 버무린다.

채소스틱 + 견과쌈장

kcal	67
나트륨(mg)	331

5~15분 / 1인분

- 채소 70g(오이, 파프리카, 오이고추, 마늘종, 당근 등)

견과쌈장

- 다진 양파 1큰술
- 생수 1큰술
- 다진 견과류 1작은술
- 고추장 1작은술
- 된장 1작은술(집된장 1/2작은술)
- 참기름 1/2작은술

1 채소는 6cm 길이, 1cm 두께로 썬다.

2 볼에 견과쌈장 재료를 넣고 섞는다.

3 채소스틱에 견과쌈장을 곁들인다.
★ 견과쌈장은 3~4회 분량이니 조금씩 나눠 먹는다.

kcal 411
eGL 16
나트륨 (mg) 809
혈관 건강
대장 건강
피로 해소
항산화

당근밥 + 매콤 청경채볶음 + 닭가슴살 유린기

퇴기지 않고 구운 닭가슴살 유린기에 중식 느낌을 살린 매콤 청경채볶음,
포만감을 살린 당근밥을 곁들인 식단입니다. 가벼운 손님 초대 요리로도 좋아요.

LOW GL & 2·1·1 식단 포인트!

- 채소와 단백질의 균형이 좋은 닭가슴살 유린기, 채소를 더해줄 매콤 청경채볶음, 건강한 탄수화물인 현미밥으로 2·1·1을 맞췄어요.
- 아몬드는 혈중 콜레스테롤 수치를 낮춰줘요. 혈관질환을 예방할 수 있는 좋은 재료입니다.
- 고추기름은 저염식을 만들 때 좋은 양념이에요. 매콤한 맛과 향으로 음식의 맛을 살려줍니다.

당근밥

kcal	115
나트륨(mg)	189

5~15분 / 1인분

- 현미밥(또는 잡곡밥) 100g
- 당근 1/7개(30g)
- 소금 약간

1 당근은 가늘게 채 썬다.

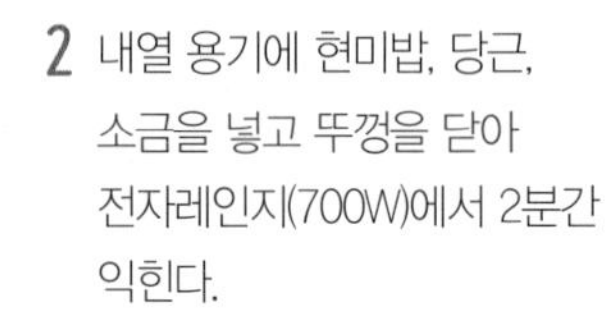

2 내열 용기에 현미밥, 당근, 소금을 넣고 뚜껑을 닫아 전자레인지(700W)에서 2분간 익힌다.

3 가볍게 섞어 그릇에 담는다.

매콤 청경채볶음

kcal	84
나트륨(mg)	119

15~25분 / 1인분

- 청경채 2와 1/2개 (또는 알배기배추 3장, 100g)
- 파프리카 1/8개(25g)
- 고추기름(또는 식용유) 1작은술
- 다진 마늘 1/2작은술
- 양조간장 1/2작은술
- 올리고당 1/3작은술
- 다진 아몬드 1/2큰술 (또는 다른 견과류 다진 것)
- 후춧가루 약간

1 청경채는 밑동을 제거하고 2등분한 후 줄기와 잎을 따로 둔다. 파프리카는 0.5cm 두께로 채 썬다.

2 달군 팬에 고추기름을 두르고 다진 마늘을 넣어 중간 불에서 30초, 청경채 줄기, 파프리카, 양조간장을 넣어 1분간 볶는다.

3 청경채 잎, 올리고당을 넣고 30초간 볶은 후 불을 끄고 다진 아몬드, 후춧가루를 넣어 섞는다.

닭가슴살유린기

kcal	212
나트륨(mg)	501

⏲ **25~35분 / 1인분**

- 닭가슴살 1쪽
  (또는 닭안심 4쪽, 100g)
- 양상추 4장(60g)
- 식용유 1/2큰술

밑간

- 달걀흰자 1개분
- 감자전분(또는 통밀가루) 1작은술
- 청주 1작은술
- 소금 약간
- 후춧가루 약간

소스

- 풋고추(또는 청양고추) 1개
- 홍고추 1개(생략 가능)
- 레몬 껍질 1/2개분(생략 가능)
- 레몬즙 2큰술
- 다진 파 2큰술
- 양조간장 1작은술
- 올리고당 1작은술

1 양상추는 흐르는 물에 씻은 후 물기를 빼고 1cm 폭으로 채 썬다. 소스 재료의 풋고추와 홍고추는 송송 썬다.

2 닭가슴살은 반으로 저민다. 볼에 밑간 재료를 모두 넣어 섞은 후 닭가슴살을 넣고 버무린다.

3 레몬은 굵은 소금으로 껍질을 문질러가며 씻은 후 필러로 노란색 껍질을 벗겨 잘게 다진다. 레몬 과육은 즙을 짠다. ★ 하얀 속껍질은 쓴맛이 나니 최대한 얇게 겉껍질만 벗긴다.

4 볼에 소스 재료를 넣어 섞는다.

5 달군 팬에 식용유를 두르고 닭가슴살을 넣어 중약 불에서 팬을 기울여가며 앞뒤로 2분씩 굽는다.

6 구운 닭가슴살을 한입 크기로 썬다. 그릇에 양상추를 담고 닭가슴살을 올린 후 ④의 소스를 곁들인다.

현미밥 + 밀푀유나베 + 두부구이 + 오이깍두기

채소국물로 맛을 내 양념 사용을 최소화하고 많은 양의 채소를 부담 없이 먹을 수 있는 밀푀유나베를 소개합니다. 담백한 두부구이와 함께 구성해 영양 균형을 맞췄지요.

Low GL & 2·1·1 식단 포인트!

- 밀푀유나베에 들어가는 다양한 채소로 2·1·1의 2를, 현미밥으로 1을, 밀푀유나베의 쇠고기와 두부구이로 단백질 식품 1을 맞춘 균형잡힌 2·1·1 식단입니다.
- 오이는 소금물에 절이지 않고 소금물에 살짝만 데쳐 Low GL 식사를 방해하는 염분 섭취량을 줄이고 양념도 잘 배도록 했어요.
- 염분 섭취를 최소화하기 위해서는 밀푀유나베의 건더기만 건져 먹는 것이 좋아요.

밀푀유나베

kcal	122
나트륨(mg)	582

20~30분 / 1인분

- 알배기배추 4장 (손바닥 크기, 120g)
- 쇠고기 샤부샤부용 50g
- 깻잎 6장(12g)
- 숙주 1/2줌(25g)
- 소금 약간
- 국간장 1/2작은술

국물

- 다시마 5×5cm 3장
- 통후추 1/4작은술
- 물 1과 1/2컵(300㎖)

소스

- 하프 마요네즈 1/2큰술
- 양조간장 1/3작은술
- 연와사비(또는 연겨자) 1/3작은술
- 올리고당 1/2작은술

1 냄비에 국물 재료를 넣고 센 불에서 끓어오르면 약한 불로 줄여 5분간 끓인 후 체에 걸러 소금, 국간장을 넣고 섞는다. ★ 완성된 국물의 양은 1컵(200㎖)이며 부족할 경우 물을 더한다.

2 깻잎은 꼭지를 떼고, 쇠고기는 키친타월로 눌러 핏물을 뺀다. 볼에 소스 재료를 넣어 섞는다.

3 알배기배추, 쇠고기, 깻잎 2장 순으로 켜켜이 포개는 것을 3번 반복한 후 알배기배추 1장을 더 올린다.

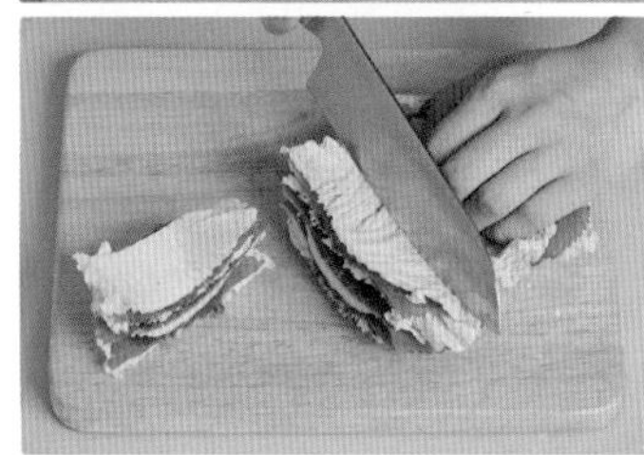

4 ③을 3cm 폭으로 썬다.

5 냄비에 숙주를 펼쳐 깔고 ④를 세워서 돌려 담는다.

6 ①의 국물을 붓고 센 불에서 끓어오르면 약한 불로 줄인 후 뚜껑을 덮어 10분간 끓인다. 소스를 곁들인다.

두부구이

kcal	70
나트륨(mg)	106

10~20분 / 1인분

- 두부 작은 팩 1/3모(부침용, 70g)

양념장

- 쪽파 1줄기(또는 다진 파 1큰술, 8g)
- 들깻가루 1/2작은술(또는 통깨 간 것)
- 고춧가루 1/2작은술
- 생수 1작은술
- 양조간장 1/2작은술

1 양념장 재료의 쪽파는 송송 썬다. 두부는 길게 2등분한 후 1cm 두께로 썰어 키친타월에 올려 물기를 뺀다.

2 달군 팬에 두부를 올린 후 중약 불에서 앞뒤로 각각 1분 30초씩 노릇하게 굽는다.

3 볼에 양념장 재료를 넣어 섞은 후 두부구이에 곁들인다.

오이깍두기

kcal	14
나트륨(mg)	190

15~25분 / 1인분

- 오이 1/4개(50g)
- 쪽파 1줄기(8g)

양념

- 고춧가루 1/2작은술
- 멸치 액젓(또는 까나리 액젓) 2/3작은술
- 매실청(또는 올리고당) 1/2작은술
- 다진 마늘 1/3작은술
- 다진 생강 약간(생략 가능)
- 통깨 약간

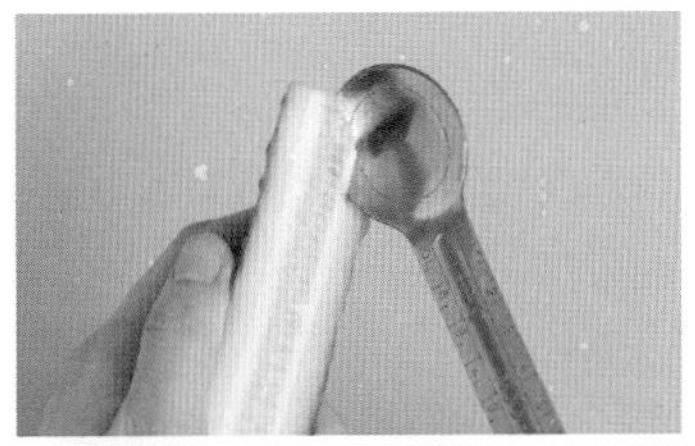

1 냄비에 오이 데칠 물 1과 1/2컵과 소금 1/2작은술을 넣어 끓인다. 오이는 길게 2등분하고 숟가락으로 씨를 제거한 후 사방 1.5cm 크기로 썬다. 쪽파는 2cm 길이로 썬다.

2 ①의 끓는 물에 오이를 넣고 30초간 데친 후 체에 밭쳐 물기를 뺀다.

3 큰 볼에 양념 재료를 넣어 섞은 후 오이와 쪽파를 넣고 버무린다.

kcal 401
eGL 24
나트륨 (mg) 815
혈관 건강
대장 건강
피로 해소
항산화

현미밥 + 버섯 듬뿍 닭가슴살강된장 + 취나물무침 + 콜라비깍두기 44쪽 + 쌈 채소

입맛을 돋워주는 맛있는 강된장! 염분 섭취를 줄일 수 있도록 된장은 적게 넣고 버섯과 닭가슴살을 듬뿍 넣어 대사증후군 걱정 없이 먹을 수 있게 만들었어요.

LOW GL & 2·1·1 식단 포인트!

- 부족할 수 있는 채소 2를 버섯과 취나물무침을 더해 맞췄어요.
- 닭가슴살은 대표적인 고단백 · 저지방 식품으로 대사증후군 예방 식사로 추천하는 재료예요.
- 취나물은 특유의 향이 있어 양념을 많이 하지 않아도 맛있어요.

버섯 듬뿍 닭가슴살강된장

kcal	184
나트륨(mg)	384

15~25분 / 1인분

- 모둠 버섯 100g(느타리버섯, 참타리버섯, 표고버섯 등)
- 닭가슴살 1쪽 (또는 닭안심 4쪽, 100g)
- 양파 1/4개(50g)
- 대파 10cm
- 청양고추 1개(생략 가능)

양념

- 된장 1/2큰술(집된장 1작은술)
- 고춧가루 1작은술
- 맛술 1작은술
- 참기름 약간
- 후춧가루 약간
- 다시마 5×5cm
- 물 1/2컵(100㎖)

1 버섯, 닭가슴살은 사방 1cm 크기로 썬다.

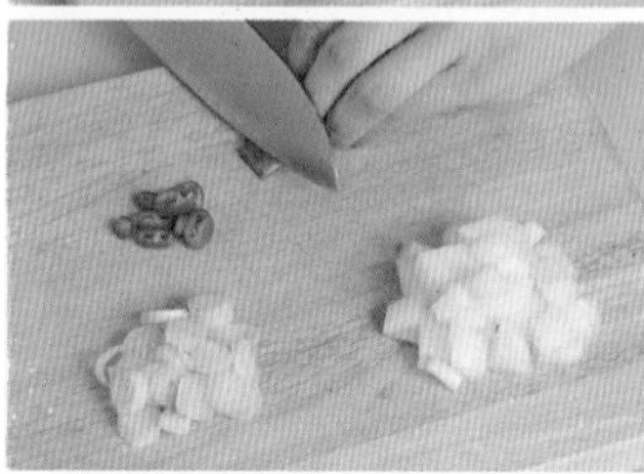

2 양파는 사방 1cm 크기로 썬다. 대파와 청양고추는 송송 썬다.

3 내열 용기에 양념 재료를 넣어 섞은 후 모든 재료를 넣고 섞는다.

4 뚜껑을 닫고 전자레인지(700W)에 넣어 5분간 익힌다. ★ 다시마는 건져내거나 먹기 좋은 크기로 썰어 함께 먹어도 좋다.

5 그릇에 담고 밥과 쌈 채소를 곁들인다.

취나물무침

kcal	48
나트륨(mg)	186

⏲ **10~20분 / 1인분**

- 취나물 1줌(또는 참나물, 50g)

양념

- 다진 마늘 1/2작은술
- 참기름 1작은술
- 소금 약간
- 통깨 약간

1 냄비에 취나물 데칠 물 4컵과 소금 1/2작은술을 넣어 끓인다. 취나물은 지저분한 잎과 억센 줄기를 떼어낸다.

2 ①의 끓는 물에 취나물을 넣고 1분간 데친다.

3 찬물에 헹궈 물기를 꼭 짠다.

4 큰 볼에 양념 재료를 넣어 섞은 후 취나물을 넣어 무친다.

취나물 두부무침으로 색다르게 즐기기

두부 작은 팩 1/4모(부침용, 50g)를 면포로 감싸 물기를 꼭 짠 후 과정 ④에 취나물과 함께 넣어 무쳐요. 이때 양념에 양조간장 1/2작은술을 더해요.

kcal 427
eGL 16
나트륨 (mg) 1014
혈관 건강
대장 건강
피로 해소
항산화

버섯밥 + 들깨 무나물 + 시금치 바지락볶음

색다르게 즐기고 싶은 저녁에 추천하는 식단입니다. 양념장만 곁들여 한 그릇 식사로 먹어도 좋은 버섯밥에 시금치 바지락볶음으로 매콤한 맛을, 들깨 무나물로 고소한 맛을 더했지요.

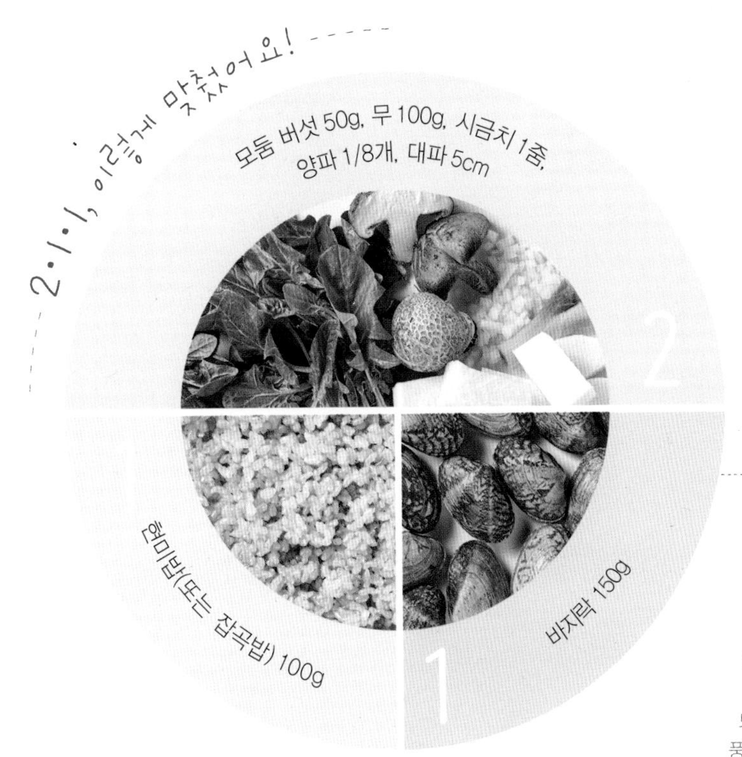

바지락

가격과 영양 면에서 합리적인 단백질원. 2~4월까지가 제철이에요. 피로 회복과 숙취 해소에 도움을 주는 타우린 성분이 풍부하며 혈중 콜레스테롤을 감소시키는 효과가 있어요.

Low GL & 2·1·1 식단 포인트!

- 시금치와 무, 버섯으로 채소 2를, 현미밥으로 1을, 고단백 식품인 바지락으로 1을 채운 2·1·1 식단입니다.
- 버섯은 특유의 감칠맛이 있어요. 한 번 볶은 후 밥에 넣으면 간을 많이 하지 않아도 특유의 풍미가 맛을 살려줍니다.
- 무나물에 들깻가루를 넣어 영양을 맞추고 GL을 줄였어요.

버섯밥

kcal	152
나트륨(mg)	183

10~20분 / 1인분

- 현미밥(또는 잡곡밥) 70g
- 모둠 버섯 50g
- 들기름 1작은술
- 소금 약간

1 버섯은 굵게 다진다.

2 달군 팬에 들기름을 두르고 버섯과 소금을 넣어 센 불에서 1분 30초간 볶는다.

3 불을 끄고 현미밥을 넣어 섞은 후 그릇에 담는다.

들깨 무나물

kcal	109
나트륨(mg)	249

15~25분 / 1인분

- 무(또는 콜라비) 100g
- 소금 1/4작은술
- 식용유 1작은술
- 들깻가루 1큰술
- 들기름 1작은술

1 무는 0.5cm 두께로 채 썬다. 볼에 무와 소금을 넣고 10분간 절인다.

2 달군 팬에 식용유를 두르고 무를 넣어 중간 불에서 2분간 볶는다. 수분이 날아가면 물 2큰술을 넣고 중간 불에서 3분간 볶는다.

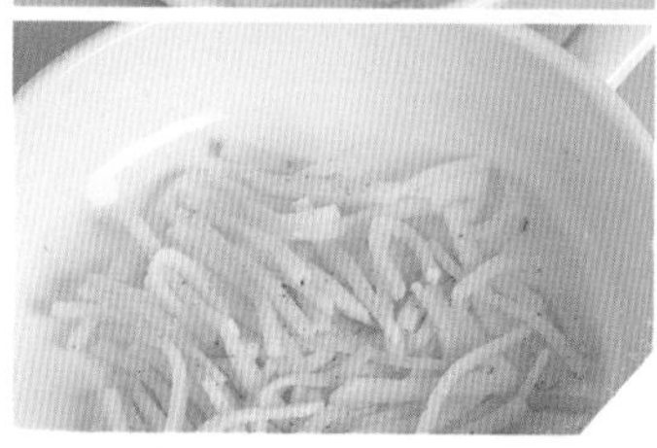

3 들깻가루와 들기름을 넣고 30초간 볶는다.

시금치 바지락볶음

kcal	166
나트륨(mg)	583

10~20분 / 1인분

- 바지락 3/4봉
  (또는 냉동 생새우살 7마리, 150g)
- 시금치 1줌(또는 알배기배추, 50g)
- 양파 1/8개(25g)
- 대파 5cm
- 다진 마늘 1작은술
- 식용유 1작은술
- 청주 1작은술
- 크러시드 페퍼 1/3작은술
  (또는 송송 썬 청양고추 1/2개분)

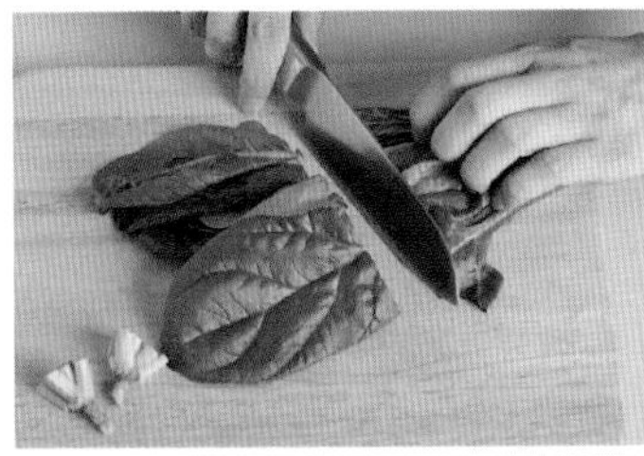

1 시금치는 시든 잎과 뿌리를
제거하고 2등분한다.

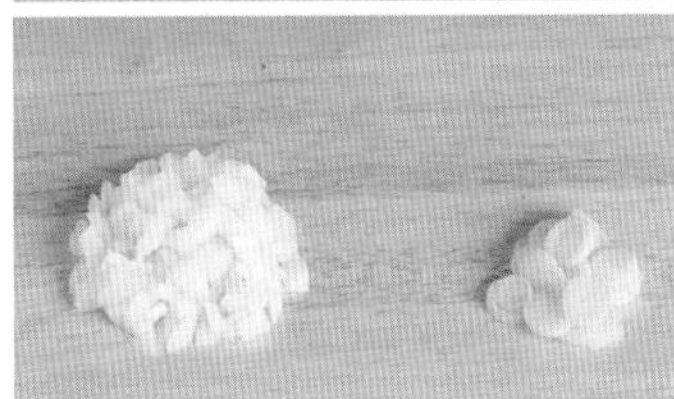

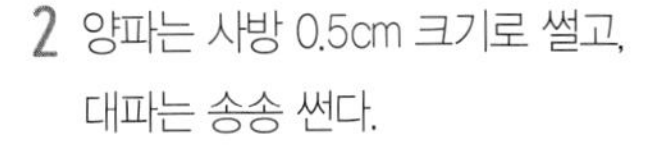

2 양파는 사방 0.5cm 크기로 썰고,
대파는 송송 썬다.

3 달군 팬에 식용유를 두르고
양파, 대파, 다진 마늘을 넣고
중간 불에서 1분간 볶는다.

4 바지락과 청주를 넣고
1분 30초간 볶는다.

5 시금치, 물 1큰술, 크러시드 페퍼를
넣고 1분 30초간 더 볶는다.

현미밥 + 삼치 생강구이 + 시래기 들기름볶음 + 파프리카 깻잎무침

생강으로 생선의 비린내를 잡고 풍미는 더한 식단입니다. 식이섬유와 비타민 D가 풍부한 시래기를 살짝 볶아 부드럽고 고소한 시래기 들기름볶음은 어르신들이 특히 좋아하지요.

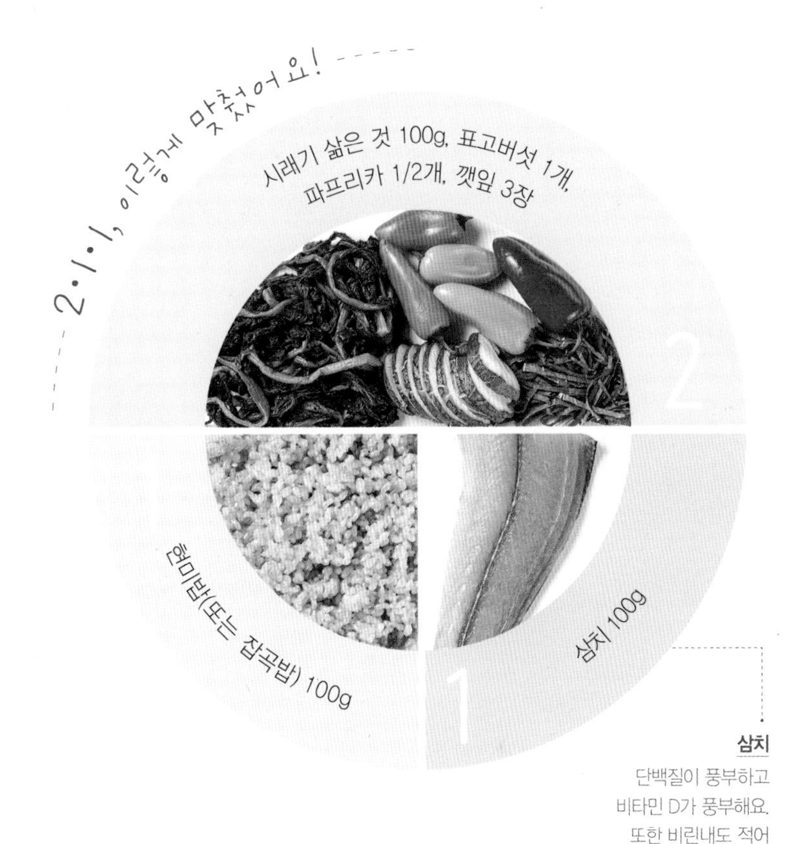

삼치

단백질이 풍부하고
비타민 D가 풍부해요.
또한 비린내도 적어
밑간을 적게 해도
맛있게 먹을 수 있어요.

Low GL & 2·1·1 식단 포인트!

- 파프리카, 깻잎, 시래기로 채소를 충분히 섭취할 수 있는 식단이에요. 비타민 C가 풍부한 파프리카는 볶거나 데치지 말고 그대로 먹는 것이 좋답니다.
- 시래기는 식이섬유뿐 아니라 칼슘도 풍부한 식품으로 많이 씹어 먹는 것이 건강에 도움을 주지요. 들기름으로 볶아 불포화지방도 더했습니다.
- 삼치에는 밑간을 약간만 해 나트륨 섭취량은 줄이고 생강을 넣어 풍미는 살렸어요.

삼치 생강구이

kcal	199
나트륨(mg)	442

⏱ 15~25분 / 1인분

- 삼치 1토막
  (구이용, 손질된 것, 100g)
- 식용유 1작은술

밑간

- 청주 1/2큰술
- 소금 약간
- 후춧가루 약간

양념

- 물 2큰술
- 맛술 1/2큰술
- 다진 생강 1/2작은술
- 양조간장 1작은술
- 레몬즙 1/3작은술(생략 가능)

1 삼치는 흐르는 물에 깨끗이 씻은 후 키친타월로 감싸 물기를 제거하고 등쪽에 1~2cm 간격으로 칼집을 낸다.

2 삼치에 밑간 재료를 뿌려 10분간 재운다. 볼에 양념 재료를 넣어 섞는다.

3 달군 팬에 식용유를 두르고 삼치의 껍질이 바닥에 닿도록 올려 중간 불에서 앞뒤로 2~3분씩 노릇하게 굽는다.

4 양념을 넣고 중간 불에서 끓어오르면 약한 불로 줄여 2분간 양념을 발라가며 굽는다.

Tip

삼치 대신 두부로 대체하기

두부 작은 팩 1/2모(부침용, 105g)에 밑간 양념 대신 소금 약간을 뿌린 후 10분간 둬요. 삼치를 생략한 후 나머지 과정은 동일하게 진행해요.

시래기 들기름볶음

kcal	94
나트륨(mg)	342

⏲ **15~25분 / 1인분**

- 시래기 삶은 것 100g(또는 데친 얼갈이, 고사리 삶은 것)
- 표고버섯 1개(25g)
- 뜨거운 물 1/2컵(100㎖)
- 다시마 5×5cm

양념

- 다진 파 1큰술
- 들기름 1/2큰술
- 다진 마늘 1작은술
- 국간장 1작은술

1 시래기는 억센 줄기를 제거한 후 5cm 길이로 썰고, 표고버섯은 0.5cm 두께로 썬다. 뜨거운 물에 다시마를 넣고 5분간 두었다가 건져 밑국물을 만든다.

2 큰 볼에 양념 재료를 넣어 섞은 후 모든 재료를 넣고 조물조물 무쳐 10분간 재운다.

3 달군 팬에 ②를 넣고 중약 불에서 2분, 밑국물과 소금을 넣고 4분간 볶는다.

파프리카 깻잎무침

kcal	45
나트륨(mg)	132

⏲ **5~15분 / 1인분**

- 파프리카 1/2개(100g)
- 깻잎 3장(6g)

양념

- 고춧가루 1작은술
- 식초 1작은술
- 고추장 1작은술
- 참기름 1/2작은술
- 다진 마늘 약간
- 통깨 약간

1 파프리카는 0.5cm 폭으로 채 썬다. 깻잎은 2등분한 후 0.5cm 폭으로 채 썬다.

2 볼에 양념 재료를 넣어 섞은 후 모든 재료를 넣고 섞는다.

kcal 466
eGL 22
나트륨 (mg) 961
LE CREUSET
대장 건강
피로 해소
항산화

현미밥 + 생선구이와 부추 양파 와사비겉절이 + 시금치 호두볶음

뒷맛이 깔끔한 부추 양파 와사비겉절이를 생선구이에 곁들이고
시금치를 호두와 함께 볶아 먹는 색다른 시금치 요리로 구성한 한 끼입니다.

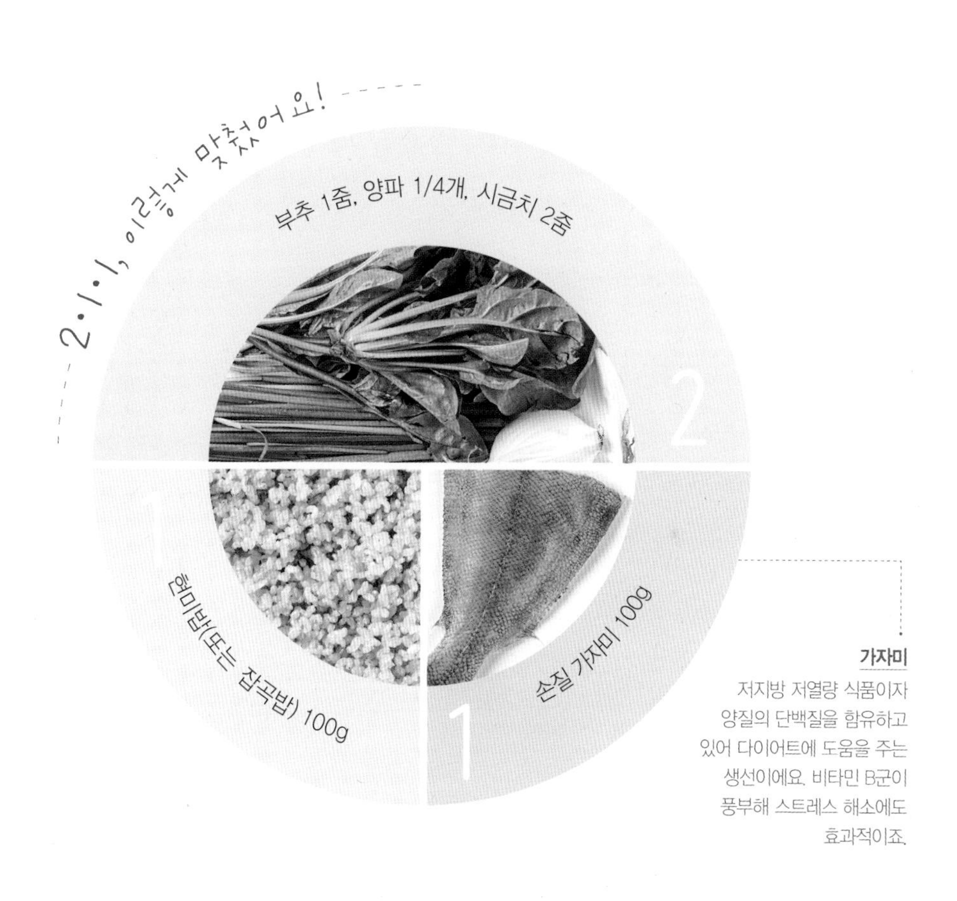

가자미
저지방 저열량 식품이자 양질의 단백질을 함유하고 있어 다이어트에 도움을 주는 생선이에요. 비타민 B군이 풍부해 스트레스 해소에도 효과적이죠.

LowGL & 2·1·1 식단 포인트!

- 생선은 고단백 식품이에요. 가자미는 흰살 생선으로 기름기도 적어 대사증후군 예방 식사로 적합한 재료지요.
- 시금치는 데치거나 볶으면 맛과 색이 더 살아나요. 너무 오래 데치는 것 보다 살짝 볶아 먹는 것이 더 좋아요.
- 와사비는 저염식을 만들 때 좋은 양념이에요. 알싸한 맛으로 음식의 맛을 살려줍니다.

생선구이와 부추 양파 와사비겉절이

kcal	178
나트륨(mg)	578

15~25분 / 1인분

- 손질 가자미 1토막
  (또는 다른 흰살 생선, 100g)
- 부추 1줌(또는 쌈 채소, 50g)
- 양파 1/8개(25g)
- 식용유 1작은술

밑간

- 청주 1작은술
- 소금 약간
- 후춧가루 약간

양념

- 고춧가루 1/2작은술
- 다진 마늘 1/2작은술
- 식초 1과 1/2작은술
- 양조간장 1/2작은술
- 연와사비(또는 연겨자) 1/2작은술
- 올리고당 1/2작은술
- 통깨 약간

1 부추는 4cm 길이로 썰고, 양파는 가늘게 채 썬다.

2 가자미는 흐르는 물에 씻은 후 키친타월로 감싸 물기를 제거하고 등쪽에 2~3cm 간격으로 칼집을 낸다.

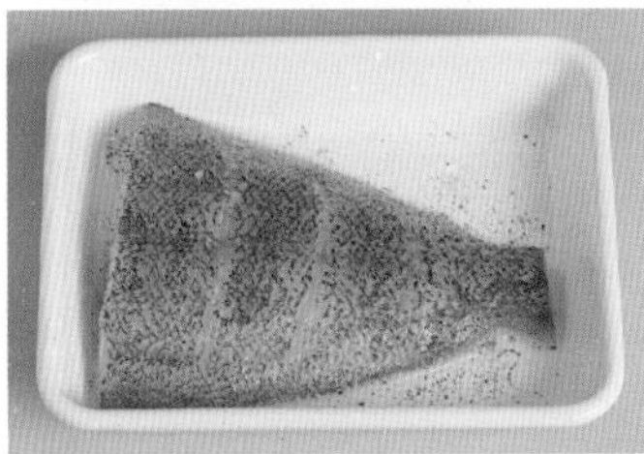

3 가자미에 밑간 재료를 뿌려 10분간 둔다.

4 큰 볼에 양념 재료를 넣어 섞은 후 부추, 양파를 넣고 버무린다.

5 달군 팬에 식용유를 두르고 가자미를 넣어 중간 불에서 앞뒤로 각각 3분씩 노릇하게 굽는다.

6 그릇에 담고 ④의 부추 양파 와사비겉절이를 곁들인다.

시금치 호두볶음

kcal	138
나트륨(mg)	381

15~25분 / 1인분

- 시금치 2줌
  (또는 쌈 케일 20장, 100g)
- 양파 1/8개(25g)
- 다진 마늘 1/2작은술
- 식용유 1작은술
- 국간장 1/2작은술
- 소금 약간
- 후춧가루 약간
- 다진 호두 1큰술
  (또는 다른 견과류, 10g)

1 시금치는 2~3등분한다.
양파는 굵게 다진다.

2 달군 팬에 식용유를 두르고
양파, 다진 마늘을 넣어 중간 불에서
1분 30초, 시금치, 물 1/2큰술,
국간장을 넣고 1분 30초간 볶는다.

3 소금, 후춧가루, 다진 호두를 넣고
30초간 더 볶는다.

kcal 432
eGL 26
나트륨 (mg) 1306
혈관 건강
대장 건강
뼈 건강
피로 해소

현미밥 + 양념 꼬막찜 + 참나물 두부무침 + 무생채

손이 많이 가는 메뉴지만 제철인 겨울엔 꼭 해먹어야 할 양념 꼬막찜에 참나물 두부무침, 무생채를 곁들여보세요. 식감과 맛, 영양까지 고려한 든든한 한 끼가 될 거예요.

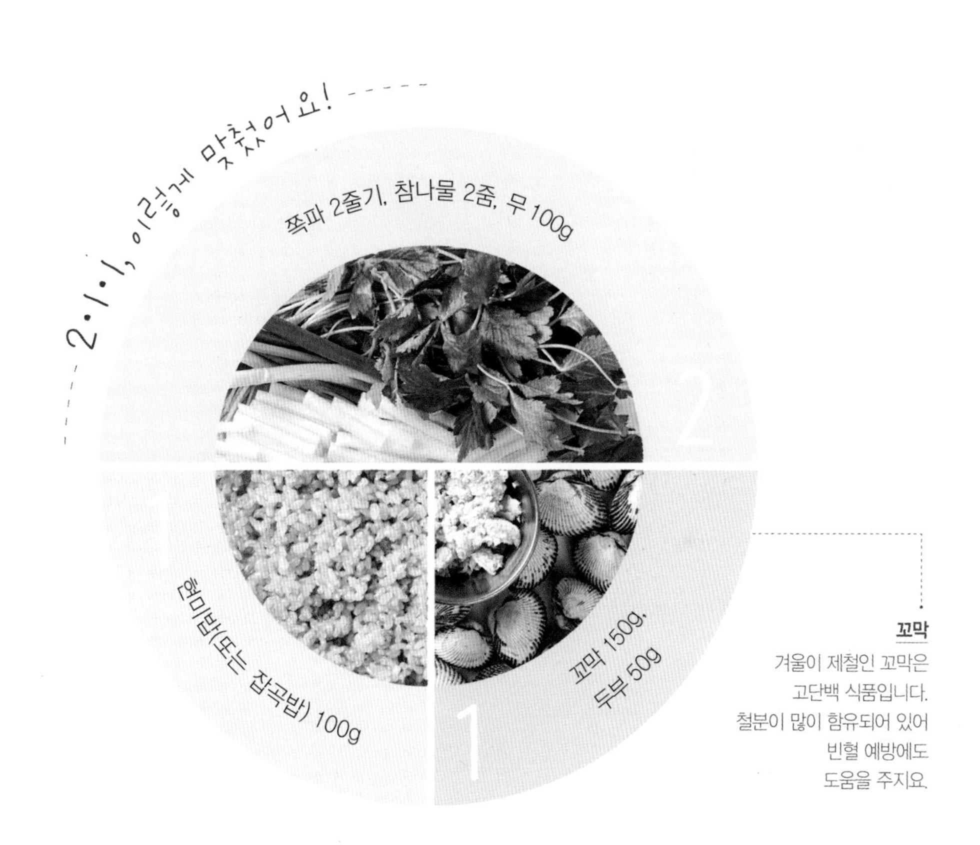

꼬막
겨울이 제철인 꼬막은 고단백 식품입니다. 철분이 많이 함유되어 있어 빈혈 예방에도 도움을 주지요.

Low GL & 2·1·1 식단 포인트!

- 꼬막이나 조개, 골뱅이 등 패류로 만든 음식은 자체적으로 나트륨 함량이 많으므로 가능한 나트륨 배설을 도와주는 칼륨이 풍부한 채소와 함께 먹는 것이 좋아요.
- 식이섬유가 풍부한 참나물은 두부와 함께 무쳐 부드럽고 색다르게 먹을 수 있어요.
- 무생채는 살짝 절인 후 무쳐 양념을 적게 해도 간이 잘 배게 했고, 절일 때 나온 무즙을 사용해 감칠맛을 살렸어요.

양념 꼬막찜

kcal	141
나트륨(mg)	880

35~45분 / 1인분

- 꼬막 150g(약 15개, 껍질 제거 후 35g)

양념장

- 쪽파 2줄기(16g)
- 고춧가루 1/3작은술
- 생수 1작은술
- 양조간장 1작은술
- 참기름 1/3작은술
- 통깨 약간

꼬막 잘 삶기
꼬막을 삶을 때 한 방향으로
저어가며 삶으면
불순물을 제거할 수 있답니다.

1 볼에 꼬막과 잠길 만큼의 물을 담고 맑은 물이 나올 때까지 바락바락 문질러 씻는다.

2 냄비에 꼬막, 청주 약간, 잠길 만큼의 물을 붓고 센 불에서 끓어오르고 꼬막 입이 벌어지기 시작하면 한 방향으로 저어가며 30초간 더 끓인다.

3 체에 밭쳐 흐르는 물에 헹군 후 꼬막의 껍데기를 한 쪽만 떼어낸다.
★ 입이 벌어지지 않은 꼬막은 입의 반대쪽에 숟가락을 일(–)자로 끼워 넣고 90°C로 돌려 입을 벌리게 한 후 껍데기를 떼어낸다.

4 양념 재료의 쪽파는 송송 썰어 볼에 넣고 나머지 양념 재료를 넣어 섞는다.

5 그릇에 꼬막을 담고 양념장을 조금씩 올린다.

참나물 두부무침

kcal	108
나트륨(mg)	233

15~25분 / 1인분

- 참나물 2줌
  (또는 시금치, 취나물 100g)
- 두부 작은 팩 1/4모(부침용, 50g)

양념

- 다진 마늘 1/3작은술
- 고추장 1작은술
- 된장 1/2작은술(집된장 1/3작은술)
- 참기름 1/2작은술
- 통깨 약간

1 냄비에 참나물 데칠 물 4컵과 소금 1/2작은술을 넣고 끓인다. 참나물을 시든 잎을 떼어내고 흐르는 물에 씻어 체에 밭쳐 물기를 뺀다.

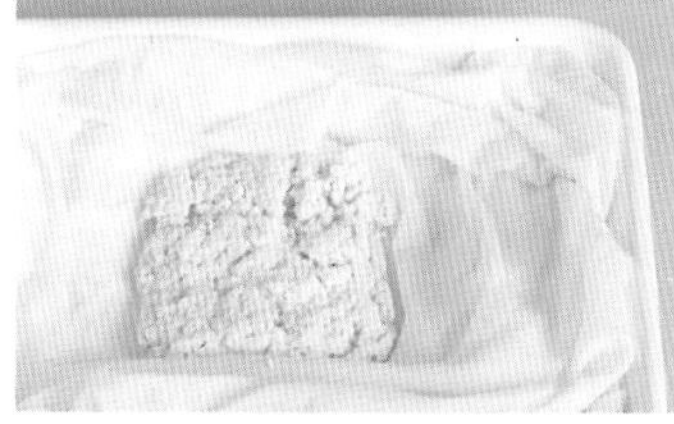

2 ①의 끓는 물에 두부를 넣어 2분간 데친 후 체로 건져내고 한 김 식혀 젖은 면포로 감싸 물기를 꼭 짠다. 이때 물은 계속 끓인다.

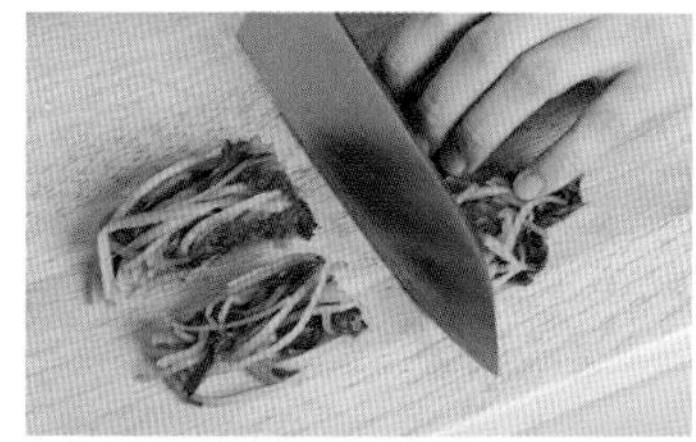

3 ②의 끓는 물에 참나물을 넣고 30초간 데친다. 체에 밭쳐 찬물에 헹궈 물기를 꼭 짠 후 4등분한다.

4 큰 볼에 두부와 양념 재료를 넣고 두부를 으깨가며 버무린 후 참나물을 넣고 무친다.

무생채

kcal	33
나트륨(mg)	192

15~25분 / 1인분

- 무 지름 1cm, 두께 0.5cm 2토막(100g) • 소금 약간
- 올리고당 1작은술

양념

- 다진 마늘 1/3작은술
- 식초 1작은술 • 통깨 약간

1 무는 0.5cm 두께로 채 썬 후 볼에 무, 소금, 올리고당을 넣고 버무려 10분간 절인다. 체에 밭쳐 여러 번 헹군 후 물기를 꼭 짠다.

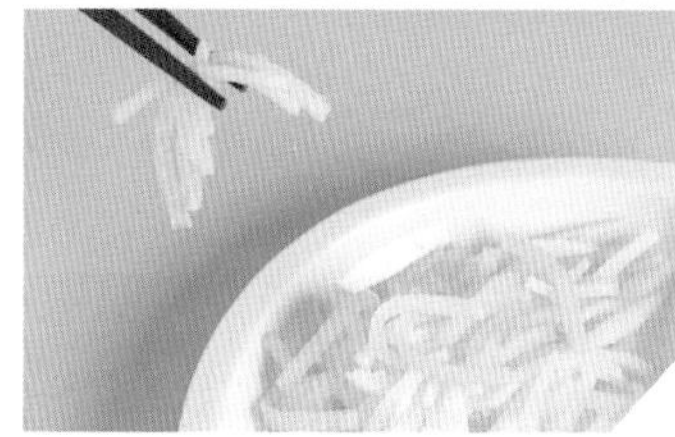

2 큰 볼에 양념 재료를 넣고 섞은 후 무를 넣어 무친다.

현미밥 + 훈제오리 마늘구이 + 연두부샐러드 + 숙주 쑥갓나물

단백질이 풍부하고 훈연 향이 있어 별도의 조리 없이도 맛있게 먹을 수 있는 훈제오리를 끓는 물에 데쳐 기름기까지 뺐습니다. 연두부를 넣은 매콤 새콤 샐러드와 함께 먹으면 금상첨화!

훈제오리
단백질이 풍부해요.
식감이 부드럽고
특유의 풍미가 있지요.

Low GL & 2·1·1 식단 포인트!

- 칼륨이 풍부한 쑥갓을 곁들여 나트륨 배출을 도왔어요.
- 샐러드는 채소를 많이 먹을 수 있고 포만감도 좋아 대사증후군 예방 식사로 추천해요.
- 채소는 물이 많이 나와 싱거워질 수 있으므로 살짝만 데친 후 조리하면 맛있게 먹을 수 있습니다.

훈제오리 마늘구이

kcal	134
나트륨(mg)	33

15~25분 / 1인분

- 훈제오리 슬라이스 50g
- 마늘 5쪽

1 냄비에 물 2컵을 끓인다.

2 마늘은 편으로 썰고 훈제오리는 한입 크기로 썬다.

3 ①의 끓는 물에 마늘을 넣고 2분, 훈제오리를 넣고 1분간 데친 후 체에 밭쳐 물기를 뺀다.

4 달군 팬에 훈제오리와 마늘을 넣어 중간 불에서 2분간 뒤집어가며 노릇하게 굽는다.

연두부샐러드

kcal	74
나트륨(mg)	218

5~15분 / 1인분

- 연두부 90g(작은 것)
- 어린잎 채소 1/2줌(10g)

양념장

- 다진 파 1큰술
- 고춧가루 1/2작은술
- 식초 1작은술
- 양조간장 1작은술
- 올리고당 1/3작은술
- 참기름 1/2작은술
- 통깨 약간

1 볼에 양념장 재료를 넣어 섞는다.

2 그릇에 연두부를 담고 어린잎 채소를 올린 후 양념장을 곁들인다.

숙주 쑥갓나물

kcal	61
나트륨(mg)	335

10~20분 / 1인분

- 숙주 1과 1/2줌(75g)
- 쑥갓 1과 1/2줌(75g)
  ★ 채소 동량 대체 가능
- 통깨 1/2작은술

양념

- 다진 파 1작은술
- 다진 마늘 1/3작은술
- 국간장 1/3작은술
- 참기름 1작은술
- 소금 약간

1 냄비에 물 5컵과 소금 1작은술을 넣고 끓인다. 쑥갓은 3등분한다.

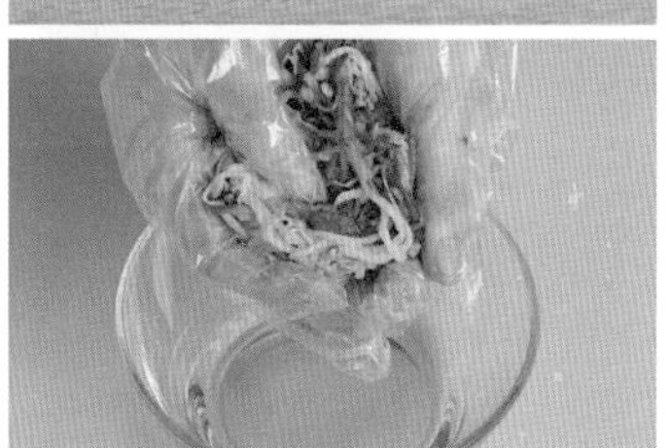

2 ①의 끓는 물에 숙주와 쑥갓을 넣고 30초간 데친다. 체에 밭쳐 재빨리 찬물에 헹군 후 물기를 꼭 짠다.

3 큰 볼에 양념 재료를 넣고 섞은 후 모든 재료를 넣어 무친다.

kcal 444
eGL 26
나트륨 (mg) 717
혈관 건강
대장 건강
피로 해소

현미밥 + 매콤 버섯 불고기전골 + 우엉샐러드

국물이 자박한 매콤 버섯 불고기전골과
깨드레싱을 곁들여 어르신도 좋아하는 우엉샐러드로 구성한 식단입니다.

2·1·1, 이렇게 맞췄어요!

2
모둠 버섯 100g, 양파 1/8개, 대파 5cm, 우엉 30g
어린잎 채소 1줌, 파프리카 1/4개

1
현미밥(또는 잡곡밥) 100g

1
쇠고기 불고기용 100g

우엉
식이섬유가 풍부해
밥과 함께 먹으면
혈당 상승 억제에
도움을 줘요.

Low GL & 2·1·1 식단 포인트!

- 매콤 버섯 불고기전골은 채소와 단백질을 1:1 비율로 섭취할 수 있어 이 식단이 아니더라도 잡곡밥과 샐러드 또는 숙채를 더해 2·1·1을 맞출 수 있어요.
- 드레싱에 참깨를 넣어 불포화지방을 더해 영양 균형을 맞추고 GL을 낮췄어요.
- 드레싱에 식초를 넣어 소금을 적게 넣어도 감칠맛을 살려줍니다.

매콤 버섯 불고기전골

kcal	221
나트륨(mg)	607

25~35분 / 1인분

- 쇠고기 불고기용 100g
- 모둠 버섯 100g(느타리버섯, 참타리버섯, 표고버섯 등)
- 양파 1/8개(25g)
- 대파 5cm
- 국간장 1작은술
- 소금 1/4작은술

국물
- 물 3컵(600㎖)
- 말린 표고버섯 2개(6g)
- 다시마 5×5cm 3장
- 통후추 1/2작은술(약 10알)

양념
- 고춧가루 1작은술
- 다진 마늘 1/2작은술
- 청주 1작은술
- 된장 1/2작은술
- 고추장 1작은술
- 후춧가루 약간

1 냄비에 국물 재료를 넣고 센 불에서 끓어오르면 중약 불로 줄여 5분간 끓인다. 다시마를 건져내고 10분간 더 끓인 후 체에 거른다.
★ 표고버섯은 0.5cm 두께로 썰어 다른 버섯과 함께 넣어 즐겨도 좋다.

2 쇠고기는 키친타월로 감싸 핏물을 제거한 후 2cm 두께로 썬다. 볼에 쇠고기와 양념 재료를 넣고 버무려 10분간 재운다.

3 버섯은 0.5cm 두께로 한입 크기로 썰고 양파는 0.5cm 두께로 채 썬다. 대파는 어슷 썬다.

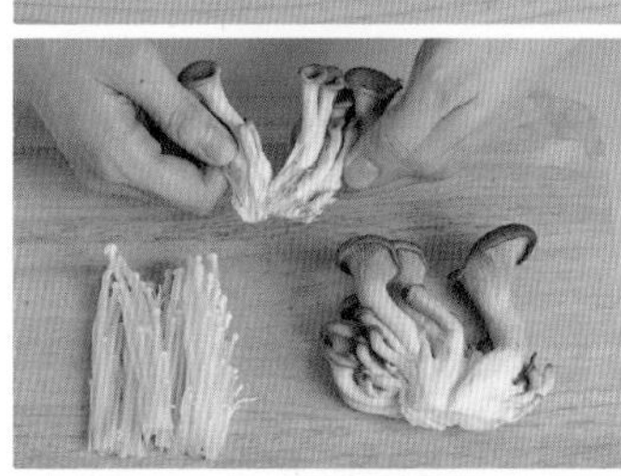

4 느타리버섯, 백만송이버섯은 밑동을 제거한 후 가닥가닥 찢는다.

5 ①의 국물에 국간장, 소금을 넣고 센 불에서 끓어오르면 쇠고기와 버섯을 넣는다. 다시 센 불에서 끓어오르면 중약 불로 줄여 5분, 양파와 대파를 넣고 3분간 끓인다.

우엉샐러드

kcal	73
나트륨(mg)	108

⏱ **20~30분 / 1인분**

- 우엉 지름 2cm, 길이 15cm(30g)
- 어린잎 채소 1줌(20g)
- 파프리카 1/4개(50g)

드레싱

- 통깨 간 것 1작은술
- 식초 1작은술
- 양조간장 1/2작은술
- 매실청(또는 올리고당) 1작은술
- 식용유 1작은술

1 냄비에 우엉 데칠 물 2컵을 끓인다. 우엉은 껍질을 벗긴 후 5cm 길이로 가늘게 채 썰고, 파프리카도 같은 길이로 가늘게 채 썬다.

2 ①의 끓는 물에 우엉을 넣고 2분간 데친 후 체에 밭쳐 찬물에 헹궈 물기를 뺀다.

3 큰 볼에 드레싱 재료를 넣어 섞은 후 나머지 재료를 모두 넣어 섞는다.

kcal 428
eGL 24
나트륨 (mg) 913
대장 건강
뼈 건강

현미밥 + 시래기 조기조림 + 배추 들깨볶음 + 팽이버섯 오이무침

고단백 저지방 식재료인 조기와 식이섬유가 풍부한 시래기를 함께 조리고 채소 반찬 두 가지를 곁들였어요. 팽이버섯 오이무침은 익히지 않아 버섯 특유의 아삭한 식감이 매력적인 반찬이에요.

Low GL & 2·1·1 식단 포인트!

- 숙채인 배추 들깨볶음과 생채인 팽이버섯 오이무침으로 2·1·1의 채소 2를 맞췄어요.
- 생선조림에 나트륨을 줄이기 위해 간장과 된장을 섞어 양념했어요. 염분 섭취는 줄이고 구수한 맛은 더했지요.
- 불포화지방이 풍부한 들깻가루를 넣어 건강에 좋은 지방을 더했습니다.

시래기 조기조림

kcal	186
나트륨(mg)	450

25~35분 / 1인분

- 조기 1마리(150g)
- 시래기 삶은 것 50g(또는 데친 얼갈이, 고사리 삶은 것)
- 대파 5cm
- 양파 1/10개(20g)

양념

- 물 1큰술
- 고춧가루 1작은술
- 다진 마늘 1작은술
- 다진 생강 1/3작은술
- 맛술 1작은술
- 양조간장 1/2작은술
- 된장 1/2작은술
- 후춧가루 약간

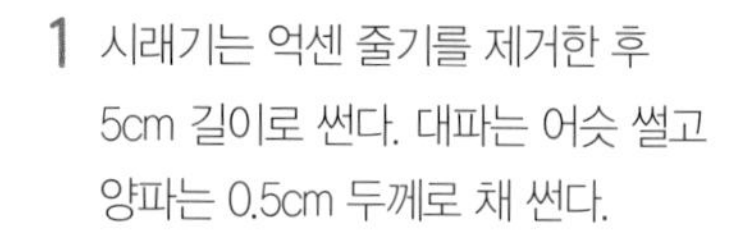

1 시래기는 억센 줄기를 제거한 후 5cm 길이로 썬다. 대파는 어슷 썰고 양파는 0.5cm 두께로 채 썬다.

2 볼에 양념 재료를 넣어 섞는다. 다른 볼에 시래기와 양념 1/2분량을 넣고 무친 후 5분간 둔다.

3 조기는 흐르는 물에 깨끗이 씻은 후 키친타월로 감싸 물기를 제거한다. 등쪽에 2cm 간격으로 칼집을 낸다.

4 냄비에 물 3/4컵(150㎖)과 ②의 양념한 시래기를 넣고 뚜껑을 덮어 센 불에서 끓어오르면 중약 불로 줄여 5분간 끓인다.

5 조기와 남은 양념을 넣고 약한 불로 줄여 국물을 끼얹어가며 5분간 끓인다.

6 대파와 양파를 넣고 3분간 더 끓인다.

배추 들깨볶음

kcal	51
나트륨(mg)	294

⏱ 15~25분 / 1인분

- 알배기배추 잎 3장(손바닥 크기, 90g)
- 대파 5cm
- 들깻가루 1큰술

양념

- 물 1/4컵(50㎖)
- 다진 마늘 1/2작은술
- 새우젓 1/2작은술
 (또는 소금 1/4작은술)
- 청주 1작은술
- 국간장 약간

1 알배기배추는 길게 2등분한 후 1cm 폭으로 채 썰고 대파는 어슷 썬다. 볼에 양념 재료를 넣어 섞는다.

2 달군 팬에 알배기배추와 양념을 넣고 중약 불에서 4분간 볶는다.

3 대파를 넣어 1분간 볶은 후 들깻가루를 넣고 섞는다.

팽이버섯 오이무침

kcal	41
나트륨(mg)	168

⏱ 10~20분 / 1인분

- 팽이버섯 1/2줌(25g)
- 오이 1/7개(30g)

양념

- 고춧가루 1/2작은술
- 다진 마늘 1/3작은술
- 식초 1/2작은술
- 양조간장 1/2작은술
- 올리고당 1/3작은술
- 고추장 1/2작은술
- 참기름 1/2작은술
- 통깨 약간

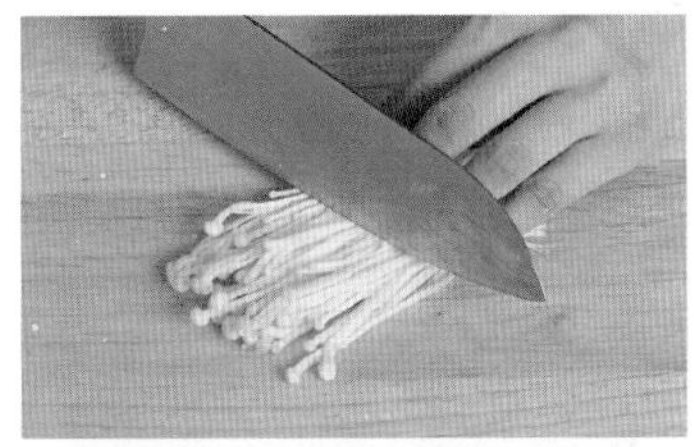

1 팽이버섯은 밑동을 제거한 후 가닥가닥 찢어 길이로 2등분한다.

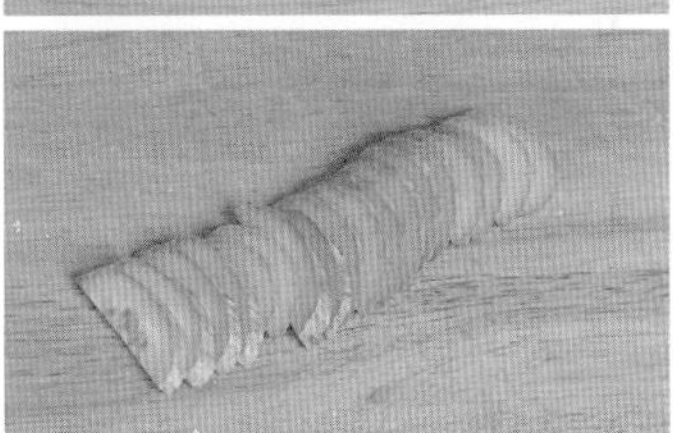

2 오이는 길게 2등분한 후 0.5cm 두께로 어슷 썬다.

3 큰 볼에 양념 재료를 넣어 섞은 후 모든 재료를 넣고 무친다.

kcal 440
eGL 26
나트륨
(mg) 863
대장
건강
뼈
건강
피로
해소

통들깨 김주먹밥 + 채소 듬뿍 곤약면볶음 + 오징어 미나리초무침

저녁으로도 좋고 가벼운 술 안주로도 잘 어울리는 식단이에요.
통들깨를 넣어 톡톡 터지는 맛이 매력적인 주먹밥에 매콤한 면요리와 오징어 무침을 곁들였습니다.

Low GL & 2·1·1 식단 포인트!

- 채소 듬뿍 곤약면볶음과 오징어 미나리초무침으로 채소 2와 단백질의 1을 채우고 통들깨 김주먹밥으로 통곡물의 1을 채워 2·1·1을 맞췄습니다.
- 통들깨로 불포화지방을 더해 탄수화물의 소화, 흡수를 늦췄어요.
- 미나리는 해독 작용이 있어 체내 노폐물을 배출시키는데 도움이 됩니다.

통들깨 김주먹밥

kcal	194
나트륨(mg)	110

10~20분 / 1인분

- 따뜻한 현미밥 1공기(100g)
- 통들깨(또는 통깨) 1큰술
- 조미 김 부순 것 1/2장 (A4 용지 크기)

양념

- 양조간장 1/2작은술
- 올리고당 1작은술
- 들기름 1/2작은술

1 달군 팬에 통들깨를 넣고 약한 불에서 1분간 볶는다.

2 볼에 현미밥, 볶은 통들깨, 김, 양념 재료를 넣고 섞는다.

3 2등분한 후 삼각형 모양으로 만든다.

채소 듬뿍 곤약볶음면

kcal	77
나트륨(mg)	403

15~25분 / 1인분

- 실곤약 1컵(120g)
- 양파 1/7개(30g)
- 양배추 2장(손바닥크기, 60g)
- 파프리카 1/4개(50g)
- 식용유 1작은술
- 소금 약간

양념

- 물 1큰술
- 다진 마늘 1/3작은술
- 맛술 1작은술
- 양조간장 1작은술
- 하프 토마토케첩 1작은술
- 통후추 간 것 약간

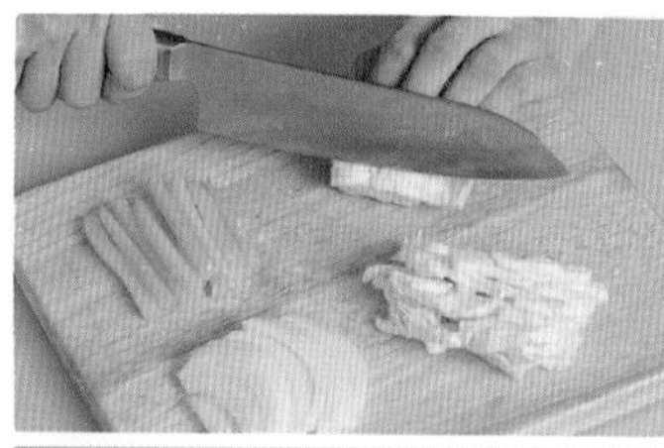

1 냄비에 물 3컵을 넣어 끓인다. 양파, 양배추, 파프리카는 0.5cm 두께로 채 썬다. 볼에 양념 재료를 넣어 섞는다.

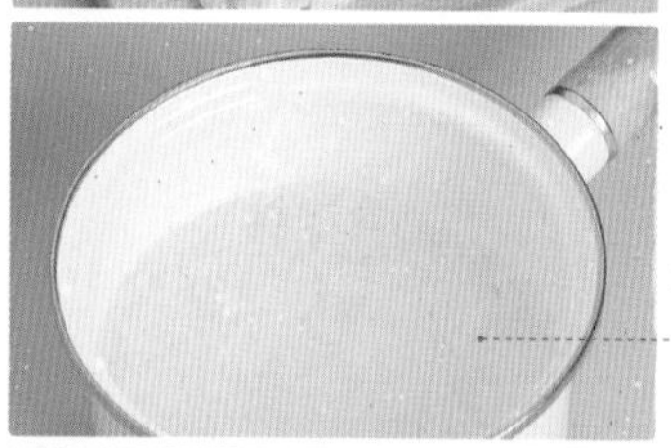

2 ①의 끓는 물에 실곤약을 넣어 1분간 데친 후 체에 밭쳐 찬물에 헹궈 물기를 꼭 짠다.

3 달군 팬에 식용유를 두르고 양파를 넣어 중강 불에서 1분, 실곤약, 양념을 넣고 30초, 양배추, 파프리카, 소금을 넣어 1분간 볶는다.

오징어 미나리초무침

kcal	169
나트륨(mg)	350

25~35분 / 1인분

- 오징어 1/2마리
  (또는 냉동 생새우살 6마리, 120g)
- 미나리 1/2줌(또는 참나물, 35g)
- 양파 1/8개(25g)

양념

- 통깨 1/2작은술
- 고춧가루 1작은술
- 다진 마늘 1/2작은술
- 식초 1과 1/2작은술
- 올리고당 1작은술
- 고추장 1작은술

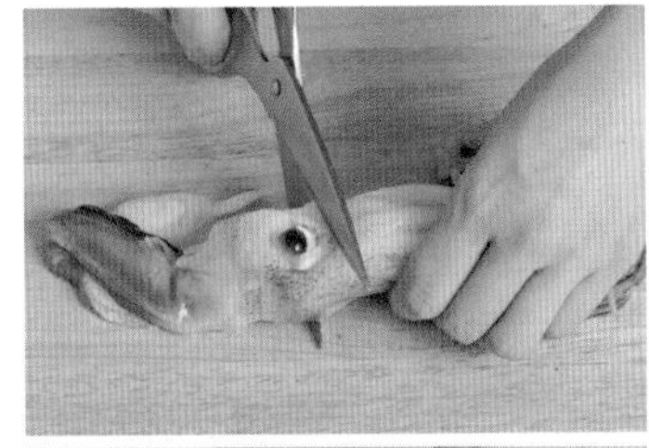

1 오징어는 몸통을 가위로 길게 반 갈라 손으로 내장을 떼어낸 후 내장과 다리 연결 부분을 잘라 내장을 버린다.

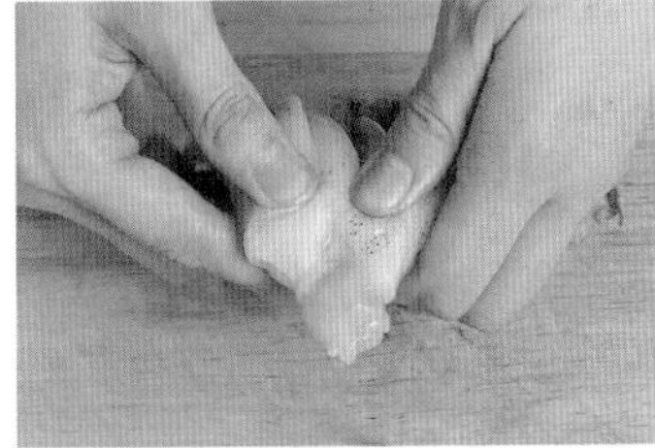

2 다리를 뒤집어 안쪽에 있는 입 주변을 꾹 누른 후 튀어나오는 뼈를 손으로 잡아 떼어낸다. 냄비에 오징어 데칠 물 3컵을 끓인다.

3 미나리는 지저분한 잎과 억센 줄기 부분을 제거한 후 4cm 길이로 썬다. 양파는 0.5cm 두께로 채 썬다. 오징어는 4cm 길이, 1cm 두께로 썬다.

4 ②의 끓는 물에 오징어와 청주 1작은술을 넣고 2분간 데친다.

5 볼에 양념 재료를 넣어 섞은 후 모든 재료를 넣고 버무린다.

Tip

실곤약 구입하기

곤약은 식이섬유가 풍부해 장 속 노폐물과 독소를 흡수해 체외로 배출시켜줘요. 체내로 흡수되지 않아 열량이 거의 없어 다이어트 식품으로 주목받고 있지요. 실곤약 외에 묵곤약, 오곡곤약 등도 판매되고 있습니다.

쌈 채소 유자소스 비빔국수 + 삶은 달걀 + 팽이버섯 깻잎전 + 영양부추 초고추장무침

입맛 없는 날에는 유자청으로 상큼함을 살린 비빔국수에
팽이버섯 깻잎전, 영양부추 초고추장무침을 곁들여 특별한 한 끼를 즐겨보세요.

Low GL & 2·1·1 식단 포인트!

- 면요리는 단백질 함량이 부족한 경우가 많아요. 삶은 달걀과 닭가슴살을 고명으로 올려 2·1·1을 맞췄습니다.
- 소면에 비해 GL이 낮은 메밀면을 사용했어요.
- 팽이버섯 깻잎전은 밀가루 보다 식이섬유가 풍부한 통밀가루를 최소한으로 넣고 반죽해 GL를 낮췄어요.

쌈 채소 유자소스 비빔국수

kcal	277
나트륨(mg)	657

⏲ **25~35분 / 1인분**

- 메밀면 50g
- 닭가슴살 1/2쪽
  (또는 닭가슴살 통조림 1/2캔, 50g)
- 쌈 채소 50g
- 오이 1/8개(또는 사과 1/6개, 25g)

유자소스

- 유자청(또는 올리고당) 1/2큰술
- 통깨 1/2작은술
- 식초 2작은술
- 양조간장 1작은술
- 참기름 1/2작은술

1 냄비에 닭가슴살과 잠길 만큼의 물을 붓고 센 불에서 끓어오르면 약한 불로 줄여 10분간 삶는다.

2 체에 밭쳐 물기를 뺀 후 한 김 식혀 결대로 찢는다. 냄비에 메밀면 삶을 물 3컵을 끓인다.

3 쌈 채소는 1cm 폭으로 썰고, 오이는 0.5cm 두께로 채 썬다. 볼에 유자소스 재료를 넣어 섞는다.

4 ②의 끓는 물에 메밀면을 넣고 포장지에 적힌 시간대로 삶은 후 체에 밭쳐 찬물에 헹궈 물기를 뺀다.

5 그릇에 모든 재료를 담고 유자소스를 곁들인다.

메밀면 대신 쌀국수로 대체하기

과정 ④에서 메밀면 대신 불린 쌀국수 1줌(버미셀리, 50g)을 넣어 30초간 데친 후 체에 밭쳐 찬물에 헹궈 물기를 뺀 후 나머지 과정은 동일하게 진행해요.

팽이버섯 깻잎전

kcal	139
나트륨(mg)	232

🕒 **15~25분 / 1인분**

- 팽이버섯 1줌(또는 다른 버섯, 50g)
- 깻잎 6장(12g)
- 식용유 1작은술

반죽

- 달걀 1개
- 통밀가루 1/2큰술
- 국간장 1/2작은술
- 후춧가루 약간

1 팽이버섯은 밑동을 제거한 후 가닥가닥 찢어 1cm 길이로 썬다. 깻잎은 길게 2등분한 후 0.5cm 폭으로 썬다.

2 볼에 반죽 재료를 넣어 섞은 후 팽이버섯과 깻잎을 넣고 버무린다.

3 달군 팬에 식용유를 두르고 ②를 1과 1/2큰술씩 올려 1cm 두께로 펼친 후 중간 불에서 앞뒤로 각각 1분 30초씩 굽는다.

영양부추 초고추장무침

kcal	60
나트륨(mg)	145

🕒 **5~15분 / 1인분**

- 영양부추 1줌(50g, 또는 부추 1/2줌)
- 양파 1/8개(25g)

양념

- 식초 1/2큰술
- 매실청(또는 올리고당) 1/2큰술
- 고추장 1작은술
- 참기름 1/2작은술
- 통깨 약간

1 영양부추는 4cm 길이로 썰고, 양파는 가늘게 채 썬다.

2 큰 볼에 양념 재료를 넣어 섞은 후 모든 재료를 넣고 무친다.

kcal 332
eGL 12
나트륨 (mg) 1152
혈관 건강
대장 건강
뼈 건강
피로 해소

묵 콩국수 + 양배추 골뱅이무침 + 상추 들깨무침

콩국수 좋아하시죠? 연두부로 만드는 초간단 콩국에 담백한 묵을 넣어 만든 색다른 콩국수를 즐겨보세요. 쫄깃한 골뱅이를 매콤하게 무친 양배추 골뱅이무침을 곁들이면 더 잘 어울려요.

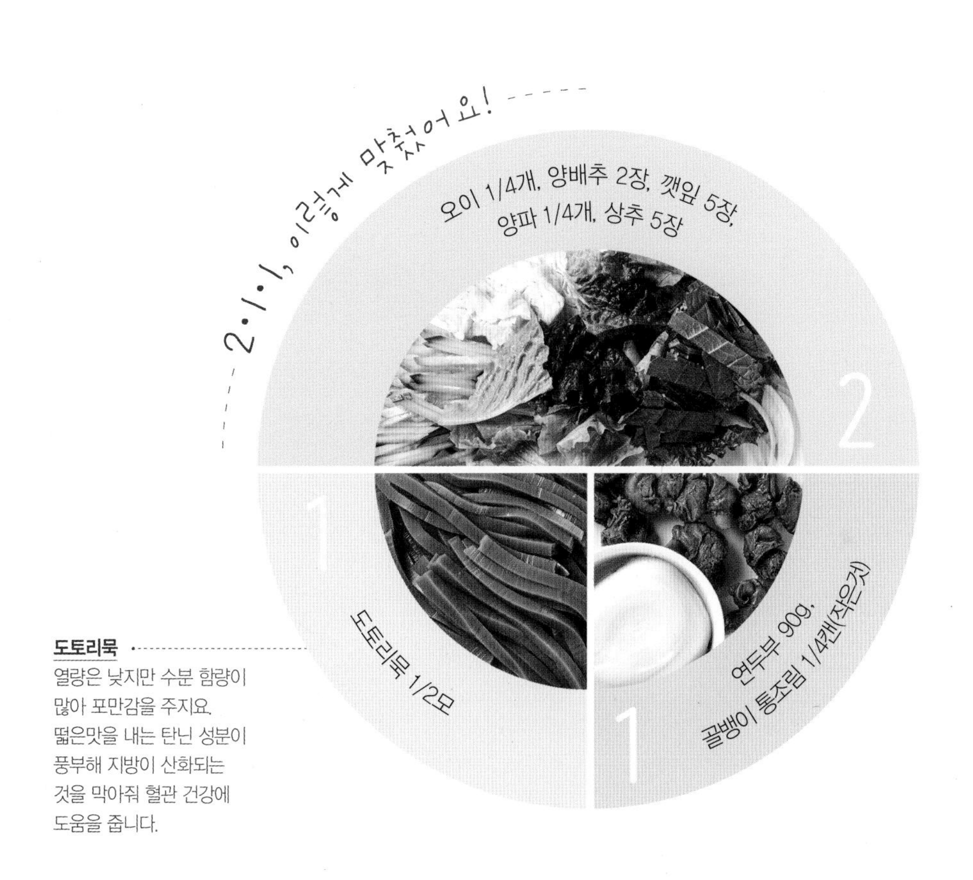

도토리묵
열량은 낮지만 수분 함량이 많아 포만감을 주지요. 떫은맛을 내는 탄닌 성분이 풍부해 지방이 산화되는 것을 막아줘 혈관 건강에 도움을 줍니다.

LOW GL & 2·1·1 식단 포인트!

- 상추 들깨무침과 묵콩국수에 고명으로 오이를 듬뿍 올리고 골뱅이무침에 양배추를 넣어 2를, 연두부와 골뱅이로 1을, 잡곡밥 대신 도토리묵으로 1을 채웠어요.
- 상추 들깨무침에 으깬 통깨를 넣어 고소함과 불포화지방을 더했어요.
- 나트륨 함량이 높은 일반 김치 대신 샐러드처럼 가볍게 무친 양배추 골뱅이무침을 곁들였어요. 나트륨을 더 줄이고 싶다면 골뱅이를 뜨거운 물에 한번 데쳐요.

묵 콩국수

kcal	159
나트륨(mg)	410

10~20분 / 1인분

- 도토리묵 1/2모(150g)
- 오이 1/4개(50g)

국물

- 연두부 작은 것 1팩(90g)
- 통깨 1큰술
- 소금 1/3작은술(기호에 따라 가감)
- 땅콩버터 1/2작은술 (또는 땅콩 1큰술)
- 물 3/4컵(150㎖)

1 믹서에 국물 재료를 넣고 곱게 갈아 냉장실에 넣어 차게 식힌다.

2 도토리묵은 0.5cm 두께로 길게 썰고, 오이는 가늘게 채 썬다.

3 그릇에 도토리묵, 오이를 담는다.

4 차게 식힌 국물을 붓는다. ★ 기호에 따라 얼음을 곁들여도 좋다.

실곤약으로 대체하기

실곤약 1컵(120g)을 끓는 물에 넣어 1분간 데친 후 체에 밭쳐 흐르는 물에 헹궈 물기를 빼고 과정 ③에 묵 대신 넣어요.

양배추 골뱅이무침

kcal	129
나트륨(mg)	520

⏲ **10~20분 / 1인분**

- 골뱅이 통조림 1/4캔(작은 것, 55g)
- 양배추 2장(손바닥 크기, 60g)
- 양파 1/4개(50g)
- 깻잎 5장(10g) • 통깨 약간

양념

- 고춧가루 1/2큰술
- 식초 1/2큰술
- 다진 마늘 1/2작은술
- 양조간장 1/2작은술
- 올리고당 1작은술
- 고추장 1작은술 • 참기름 1/2작은술

1 양배추, 양파는 1cm 폭으로 채 썰고, 깻잎은 2등분한 후 1cm 폭으로 썬다.

2 골뱅이는 체에 밭쳐 흐르는 물에 씻은 후 그대로 물기를 빼고 한입 크기로 썬다. ★골뱅이는 체에 밭쳐 뜨거운 물을 끼얹어 불순물과 짠기를 빼도 좋다.

3 큰 볼에 양념 재료를 넣어 섞은 후 모든 재료를 넣고 버무린다. 접시에 담은 후 통깨를 뿌린다.

상추 들깨무침

kcal	44
나트륨(mg)	222

⏲ **5~15분 / 1인분**

- 상추 5장(50g)

양념

- 들깨 1/2큰술
- 다진 파 1/2큰술
- 생수 1/2큰술
- 국간장 1/3작은술
- 된장 1/2작은술(집된장 1/3작은술)
- 참기름 1/2작은술

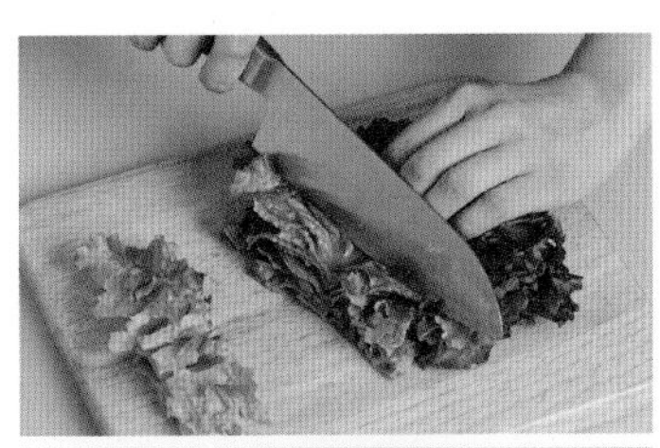

1 상추는 한입 크기로 썬다.

2 큰 볼에 양념 재료를 넣어 섞는다.

3 ②의 볼에 상추를 넣고 버무린다.

대표 식재료의 eGL

분류	식품명	중량(g)	eGL	열량 (kcal)
전분 및 통곡류	백미	30	17	106
	보리	30	15	104
	현미	30	15	110
	찹쌀	30	16	108
	밀가루	30	12	145
	메밀 가루	30	14	108
	건 당면	30	18	105
	팥	30	11	101
	녹두	30	9	101
	완두콩	30	8	103
	옥수수(생것)	70	11	74
	칼국수	90	16	119
	수제비	90	22	185
	감자	100	11	66
	고구마	100	20	128
	도토리묵	200	13	86
	메밀묵	200	17	116
전분 채소류	우엉, 생것	40	5	26
	도라지, 생것	40	7	38
	단호박, 생것	40	7	26
	연근, 생것	40	6	27
	토란, 생것	40	5	23
	당근, 생것	70	5	24
채소류	오이	70	3이하	8
	애호박	70	5	17
	콩나물	70	3이하	22
	숙주	70	3이하	8
	파프리카	70	3이하	8
	표고버섯	50	3이하	19
	새송이버섯	50	4	18
유지 및 견과류	마가린	5	3이하	36
	버터	5	3이하	38
	생크림	15	3이하	60
	콩기름	5	3이하	44
	아몬드	8	3이하	48
	호두	8	3이하	53

분류	식품명	중량(g)	eGL	열량 (kcal)
고당 과일류	단감	100	15	83
	바나나	100	14	80
	파인애플	200	8	46
	곶감	30	10	71
과일류	아보카도	50	3이하	94
	망고	70	9	45
	사과	80	10	46
	키위	80	9	43
	오렌지	100	8	43
	배	110	10	56
	귤	120	10	50
	딸기	150	9	53
	수박	150	7	36
	참외	150	8	27
	복숭아	150	9	51
동물성 고지방 단백질 식품	소갈비	100	3이하	307
	소등심	100	3이하	192
	삼겹살	100	3이하	331
	돼지 목살	100	3이하	180
	햄	60	3이하	124
동물성 저지방 단백질 식품	돼지 안심	100	3이하	223
	닭가슴살	100	3이하	208
	메추리알	40	3이하	70
	달걀	55	3이하	76
	고등어	100	3이하	183
	꽁치	100	3이하	165
	갈치	100	3이하	149
	오징어	100	3	95
	새우	50	3이하	41
	문어	100	3	74
	낙지	100	3이하	53
식물성 단백질 식품	강낭콩	20	3이하	31
	대두	20	3이하	80
	서리태	20	3이하	76
	두부	100	3이하	84
	연두부	100	3	50
	콩비지	100	3이하	58
	유부	30	3이하	104
	순두부	100	3이하	47

자주 먹는 음식의 eGL

분류	식품명	분량 기준	eGL	열량 (kcal)
밥	쌀밥	1공기	45	317
	현미밥(현미100%)	1공기	41	315
	보리밥(보리100%)	1공기	37	311
	콩밥 (백미 90%, 콩 10%)	1공기	39	319
죽	팥죽	1인분	30	322
	단팥죽	1인분	47	388
	호박죽	1인분	36	302
	깨죽	1인분	14	221
	소고기 버섯죽	1인분	25	227
	전복죽	1인분	24	252
	잣죽	1인분	19	271
김치	갓김치	1인분	4	25
	고들빼기김치	1인분	3이하	40
	나박김치	1인분	3이하	9
	배추김치	1인분	3이하	11
	열무김치	1인분	4	19
	총각김치	1인분	4	21
	파김치	1인분	4	31
구이, 찜, 조림	갈치구이	1인분	3이하	104
	고등어구이	1인분	3이하	128
	갈비구이	1인분	3이하	328
	불고기	1인분	6	162
	돼지불고기	1인분	3이하	230
	돼지갈비찜	1인분	3이하	273
	소갈비찜	1인분	3이하	297
	갈치조림	1인분	4	142
	어묵조림	1인분	11	133
	고등어조림	1인분	3이하	172
	꽁치조림	1인분	3이하	147
	돼지고기 메추리알조림	1인분	3이하	174
	돼지고기장조림	1인분	3이하	182
	감자조림	1인분	12	87
	고구마조림	1인분	19	136
	연근조림	1인분	9	62
	우엉조림	1인분	7	82

분류	식품명	분량 기준	eGL	열량 (kcal)
구이, 찜, 조림	토란조림	1인분	10	74
	검정콩조림	1인분	3이하	101
	두부양념 조림	1인분	3이하	129
무침	김무침	1인분	3이하	13
	도라지무침	1인분	11	83
	도토리묵무침	1인분	7	66
	무말랭이무침	1인분	10	97
	오이지무침	1인분	4	30
	고구마줄기무침	1인분	6	54
	골뱅이무침	1인분	6	102
	오징어무침	1인분	6	121
	홍어회무침	1인분	7	85
	고사리나물	1인분	3이하	56
	냉이나물	1인분	4	66
	도라지나물	1인분	8	65
	숙주나물	1인분	3이하	14
	시금치나물	1인분	3이하	54
	콩나물	1인분	3이하	40
	취나물	1인분	3이하	41
볶음 및 튀김	취나물볶음	1인분	3이하	74
	오징어볶음	1인분	5	155
	잔멸치볶음	1인분	4	89
	곱창볶음	1인분	3이하	161
	돼지고기 고추장볶음	1인분	3이하	244
	가지볶음	1인분	3이하	53
	감자 채소볶음	1인분	6	95
	어묵볶음	1인분	9	131
	낙지볶음	1인분	5	132
	김치빈대떡	1인분	10	222
	호박전	1인분	3이하	108
	녹두전	1인분	7	200
	김치전	1인분	9	157
	감자전	1인분	10	151
	돼지고기 완자전	1인분	4	193
	해물파전	1인분	10	218
	동태전	1인분	4	160
	굴전	1인분	6	182

자주 먹는 음식의 eGL

분류	식품명	분량 기준	eGL	열량 (kcal)
볶음 및 튀김	깐풍기	1인분	8	297
	라조기	1인분	8	296
	마파두부	1인분	3이하	143
	탕수육	1인분	8	349
	팔보채	1인분	4	180
국, 탕 및 찌개	어묵국	1인분	10	112
	떡국	1인분	47	432
	만두국	1인분	7	378
	떡만두국	1인분	36	519
	쇠고기 육개장	1인분	3이하	234
	콩나물국	1인분	3이하	43
	김치콩나물국	1인분	3이하	35
	순대국	1인분	8	156
	선지국	1인분	4	98
	갈비탕	1인분	3이하	363
	곰탕	1인분	10	183
	꼬리곰탕	1인분	3이하	237
	설렁탕	1인분	11	176
	알탕	1인분	3이하	136
	추어탕	1인분	3이하	113
	도가니탕	1인분	5	317
	삼계탕	1인분	3이하	932
	돼지고기 김치찌개	1인분	3이하	122
	된장찌개	1인분	6	100
	순두부찌개	1인분	3이하	203
	청국장찌개	1인분	3이하	118
	동태찌개	1인분	5	126
밥류	김밥	1인분	37	445
	볶음밥	1인분	38	444
	김치볶음밥	1인분	31	384
	새우볶음밥	1인분	42	403
	오므라이스	1인분	41	506
	비빔밥	1인분	33	469
	불고기덮밥	1인분	44	438
	오징어덮밥	1인분	44	446
	짜장밥	1인분	47	496
	생선초밥	1인분	40	521

분류	식품명	분량 기준	eGL	열량 (kcal)
면류	쫄면	1인분	62	584
	비빔국수	1인분	46	521
	비빔냉면	1인분	45	438
	물냉면	1인분	42	429
	회냉면	1인분	47	485
	자장면	1인분	34	419
	우동	1인분	29	293
	열무냉면	1인분	40	404
	콩국수	1인분	34	488
	칼국수	1인분	25	279
	짬뽕	1인분	29	380
	라면	1인분	34	515
	컵라면(큰것)	1인분	27	328
	컵라면(작은것)	1인분	23	274
	잡채	1인분	16	168
	스파게티 (패스트푸드)	1인분	21	225
	수제비	1인분	44	410
	닭칼국수	1인분	12	238
	메밀국수	1인분	36	334
	메밀국수(일식)	1인분	36	327
분식류	떡볶이	1인분	29	229
	물만두	1인분	17	497
	군만두	1인분	15	509
	고기만두	1인분	17	464
	김치만두	1인분	19	438
	채소튀김	1인분	17	228
	라면볶이	1인분	32	450
수프, 샐러드	쇠고기수프	1인분	4	24
	크림수프	1인분	8	72
	쇠고기 채소수프	1인분	8	63
	양송이수프	1인분	8	114
	양상추샐러드	1인분	3이하	98
	참치 채소샐러드	1인분	3이하	142
	과일샐러드	1인분	14	172
	감자샐러드 (패스트푸드)	1인분	8	129

분류	식품명	중량(g)	eGL	열량 (kcal)
과자류	스낵	30g	11	145
	쿠키	34g	14	170
빵류	소보로빵	80g	24	301
	모닝빵	80g	21	253
	마늘바게트	80g	17	400
	식빵	100g	28	283
	크림빵	80g	21	219
	팥빵	80g	23	234
	페이스트리빵	94g	21	335
	팥도우넛	80g	18	319
	채소크로켓	155g	15	459
	햄 치즈샌드위치	150g	14	362
	머핀	80g	17	237
	베이글	80g	29	238
	치즈케이크	90g	7	289
	생크림케이크	85g	14	207
떡류	가래떡	100g	33	239
	백설기	100g	33	234
	시루떡	100g	27	205

분류	식품명	1회 분량(g)	eGL	열량 (kcal)
떡류	약식	100g	33	259
	인절미	100g	28	217
	절편	100g	28	220
	증편	100g	25	177
	찹쌀떡	100g	32	236
음료류	식혜, 캔	200㎖	16	74
	오렌지, 캔쥬스	100㎖	9	42
	포도, 캔쥬스	100㎖	11	54
	요구르트, 액상	150㎖	16	98
	요구르트,호상	110㎖	13	113
	커피,설탕, 프림	115㎖	6	43
	캐러멜마키야토	355㎖	14	200
	카페라떼	355㎖	7	180
	카페모카 (휘핑크림포함)	355㎖	16	290
	이온음료	150㎖	9	40
	우유	180㎖	5	126
	두유	150㎖	5	98
	콜라	150㎖	13	68
	사이다	150㎖	13	66

* 식품의 분류 및 각 식품의 중량 및 기준 분량은 ㈜풀무원의 로하스 식품교환표를 참조함.
* 각 식재료의 영양소는 CAN pro4.0의 영양성분 정보를 활용하였음.
* 같은 음식이라도 외식의 경우 1인 제공량이 다르므로 기본 수치에 1.2~1.5배를 곱하여 추정할 것을 제안함.

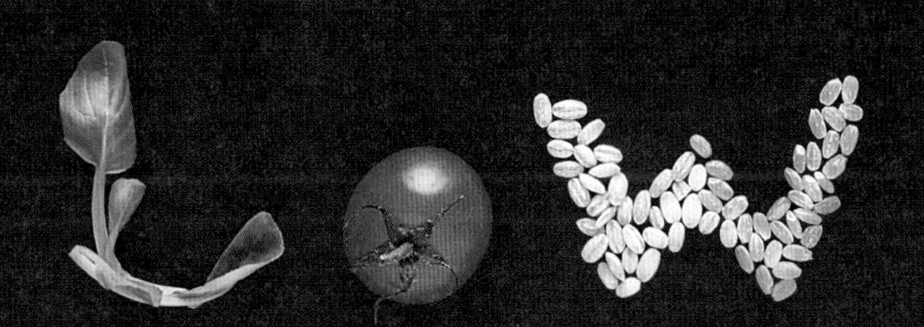

그대로 따라 하는 2주간의 2·1·1 식단

처음 2·1·1식단을 따라 하시는 분들이 조금 더 쉽게 익숙해지도록 이 책에 소개된 아침, 점심, 저녁 식단을 활용해 2주 식단을 만들었어요. 고민하지 말고 2주만 그대로 따라 해보세요!

week 1

	아침	점심	저녁	간식	합계
월	현미밥 + 닭가슴살 채소볶음 + 케일겉절이 Set 3 _60쪽	버섯볶음 채소비빔밥 + 황태채 마늘조림 Set 7 _118쪽	현미밥 + 밀푀유나베 + 두부구이 + 오이깍두기 Set 4 _168쪽	떠먹는 플레인 요구르트 1통 (열량 88kcal, eGL 10 나트륨 3mg)	열량 1326kcal eGL 72 나트륨 1942mg
화	양배추 달걀토스트 + 들깨우유 + 귤 1개 Set 10 _88쪽	땡초 닭안심 마늘볶음밥 + 호두드레싱 당근샐러드 Set 4 _106쪽	통들깨 김주먹밥 + 채소 듬뿍 곤약면볶음 + 오징어 미나리초무침 Set 13 _204쪽	아몬드 10개 (열량 60kca, eGL 3 나트륨 0.4mg)	열량 1398kcal eGL 80 나트륨 1996mg
수	채소 듬뿍 간단 비빔밥 + 고추장 두부조림 + 채소스틱 Set 5 _68쪽	볶은 김치 낫도덮밥 + 양배추 새우볶음 Set 14 _146쪽	현미밥 + 버섯 듬뿍 닭가슴살강된장 + 쌈채소 + 취나물무침(깍두기 제외) Set 5 _172쪽	방울토마토 10개 (열량 24kca, eGL 5 나트륨 9mg)	열량 1261kcal eGL 78 나트륨 1982mg
목	단호박 요구르트볼 + 닭가슴살 사과샐러드 Set 9 _84쪽	닭가슴살 마파소스 덮밥 + 부추 양파무침 + 새송이버섯구이 Set 2 _98쪽	현미밥 + 매콤 버섯 불고기전골 + 우엉샐러드 Set 11 _196쪽	아몬드 10개 (열량 60kca, eGL3 나트륨 0.4mg)	열량 1306kcal eGL 77 나트륨 1981mg
금	현미밥 + 고등어구이 + 콩나물 김무침 + 유자청 상추겉절이 Set 6 _72쪽	달걀쌈장 비빔밥 + 더덕 오이생채 Set 10 _130쪽	현미밥 + 훈제오리 마늘구이 + 연두부샐러드 + 숙주 쑥갓나물 Set 10 _192쪽	귤 2개 (열량 54kcal, eGL 12 나트륨 15mg)	열량 1423kcal eGL 74 나트륨 1970mg
토	현미밥 + 매콤 숙주 쇠고기볶음 + 땅콩드레싱의 양배추 케일샐러드 Set 8 _80쪽	두부양념장의 콩나물밥 + 매콤 돼지고기 깻잎볶음 Set 11 _134쪽	당근밥 + 매콤 청경채볶음 + 닭가슴살 유린기 Set 3 _164쪽	떠먹는 플레인 요구르트 1통 (열량 88kcal, eGL 10 나트륨 3mg)	열량 1466kcal eGL 69 나트륨 1970mg
일	현미밥 + 낫토양념장을 곁들인 연두부와 방울토마토 + 참나물 들깨무침 Set 7 _76쪽	매콤 참치무침과 배추쌈밥 + 들깨 연근전 Set 5 _110쪽	현미밥 + 시래기 조기조림 + 배추 들깨볶음 + 팽이버섯 오이무침 Set 12 _200쪽	삶은 달걀 1개 + 레몬 탄산수 (열량 76kcal, eGL3 나트륨 84mg)	열량 1373kcal eGL 75 나트륨 1935mg

모든 하루 식단은 80eGL, 열량 1,500kcal, 나트륨 2,000mg 이하로 구성했습니다.
간식은 점심과 저녁 사이에 허기가 느껴질 때 드시면 좋아요.
정상(표준)체중인 남자분들 중 양이 너무 부족하게 느껴지는 분은 분량을 1.5배로 늘려 따라 해도 좋아요.
★ **정상(표준)체중 구하기** 남자 : 신장(m) × 신장(m) × 22 / 여자 : 신장(m) × 신장(m) × 21
(예 : 키가 1m 70cm인 남성의 정상 체중은 1.7 × 1.7 × 22 = 64(kg)

week 2

	아침	점심	저녁	간식	합계
월	단호박 요구르트볼 + 닭가슴살 사과샐러드 Set 9 _84쪽	무생채 비빔밥 + 닭안심 아몬드볶음 Set 6 _114쪽	현미밥 + 훈제오리 마늘구이 + 연두부샐러드 + 숙주 쑥갓나물 Set 10 _192쪽	아몬드 10개 (열량 60kcal, eGL 3 나트륨 0.4mg)	열량 1271kcal eGL 70 나트륨 1941mg
화	채소 듬뿍 간단 비빔밥 + 고추장 두부조림 + 채소스틱 Set 5 _68쪽	달걀쌈장 비빔밥 + 더덕 오이생채 Set 10 _130쪽	현미밥 + 매콤 버섯 불고기전골 + 우엉샐러드 Set 11 _196쪽	방울토마토 10개 (열량 24kcal, eGL 5 나트륨 9mg)	열량 1355kcal eGL 76 나트륨 1992mg
수	현미밥 + 낫토양념장을 곁들인 연두부와 방울토마토 + 참나물 들깨무침 Set 7 _76쪽	버섯볶음 채소비빔밥 + 황태채 마늘조림 Set 7 _118쪽	당근밥 + 매콤 청경채볶음 + 닭가슴살 유린기 Set 3 _164쪽	찐 단호박 1/8개 (열량 66kcal, eGL 18 나트륨 1mg)	열량 1335kcal eGL 79 나트륨 1925mg
목	현미밥 + 닭가슴살 채소볶음 + 케일겉절이 (견과쌈장 제외) Set 3 _60쪽	참나물 두부볶음밥 + 파프리카 묵무침 Set 13 _142 쪽	통들깨 김주먹밥 + 채소 듬뿍 곤약면볶음 + 오징어 미나리초무침 Set 13 _204쪽	아몬드 10개 (열량 60kcal, eGL 3 나트륨 0.4mg)	열량 1334kcal eGL 79 나트륨 1993mg
금	간단 두부밥 + 사과 청경채무침 + 버섯 달걀전 + 구운 김 & 달래간장 Set 2 _56쪽	매콤 참치무침과 배추쌈밥 + 들깨 연근전 Set 5 _110쪽	현미밥 + 생선구이와 부추 양파 와사비겉절이 + 시금치 호두볶음 Set 8 _184쪽	떠먹는 플레인 요구르트 1통 (열량 88kcal, eGL 10 나트륨 3mg)	열량 1430kcal eGL 79 나트륨 1966mg
토	현미밥 + 고등어구이 + 콩나물 김무침 + 유자청 상추겉절이 Set 6 _72쪽	땡초 닭안심 마늘볶음밥 + 호두드레싱 당근샐러드 Set 4 _106쪽	현미밥 + 밀푀유나베 + 두부구이 + 오이깍두기 Set 4 _168쪽	오렌지 1/2개 (열량 65kcal, eGL 12 나트륨 2mg)	열량 1397kcal eGL 77 나트륨 1946mg
일	현미밥 + 저염 꽈리고추 닭가슴살조림 + 시금치 두부 버섯샐러드(국 제외) Set 4 _64쪽	두부양념장의 콩나물밥 + 매콤 돼지고기 깻잎볶음 Set 11 _134쪽	현미밥 + 삼치 생강구이 + 시래기 들기름볶음 + 파프리카 깻잎무침 Set 7 _180쪽	바나나 1개 (열량 80kcal, eGL 14 나트륨 2mg)	열량 1458kcal eGL 70 나트륨 1973mg

Index · ㄱㄴㄷ순

Index · 재료순

단백질 식품

채소 및 버섯류

기타

〈 대사증후군 잡는 2.1.1. 식단 〉과 **함께 보면 좋은 책**

〈 매일 만들어 먹고 싶은 비건 한식 〉

정재덕 지음 / 220쪽

사찰 음식을 모티브로 한 쉽고, 맛있고, 건강한 비건을 위한 한식

- ☑ 밥과 죽, 면과 별식, 주전부리, 채소보양식 등 다채로운 채식 레시피 106가지
- ☑ 오신채를 사용하지 않고 제철 재료로 만들어 몸과 마음이 편안해지는 비건 한식
- ☑ 다양한 콩류와 두부류, 식물성 기름을 적극 사용해 채식이지만 영양이 부족하지 않은 레시피
- ☑ 흔한 재료와 기본 양념만으로 친숙한 듯 새로운 메뉴를 완성하는 셰프의 한 끗 다른 노하우

영양 밸런스 딱 맞춘 만들기도, 먹기도 편한 한그릇 건강식

- ☑ 일상의 건강식은 물론 도시락, 브런치로 좋은 포케볼, 샐러드볼, 요거트볼, 수프볼 55가지
- ☑ 열량 250~600kcal, 탄단지 비율 약 50 : 25 : 25로 균형 있게 개발한 간편하고 맛있는 한 끼
- ☑ 건강 다이어트 요리잡지 〈더라이트〉 헤드쿡이었던 저자의 꼼꼼한 영양분석과 맛 보장 레시피
- ☑ 식사 준비를 수월하게 하는 밀프렙 방법, 냉장고 재료를 소진할 대체재료 활용법 소개

〈 매일 만들어 먹고 싶은 탄단지 밸런스 건강볼 〉

배정은 지음 / 180쪽

〈 당뇨와 고혈압 잡는 저탄수 균형식 다이어트 〉

윤지아 지음 / 208쪽

당뇨 전단계에서 혈당, 혈압, 체중까지
정상으로 돌아온 셰프의 맛보장 저탄수 레시피

- 달걀&오트밀 요리, 수프, 샐러드, 밥&면, 일품요리, 음료&간식 등 84가지 저탄수 균형식 레시피
- 당뇨 전단계 진단을 받은 요리연구가인 저자가 직접 개발하고 식단을 통해 실천한 메뉴 수록
- 저탄수 균형식을 위한 저탄수 밥, 저탄수 홈메이드 소스, 드레싱, 육수 등 알짜 정보 소개
- 전문 영양사의 정확한 1인분 영양 분석, 영양 전문가의 자문으로 믿을 수 있는 탄탄한 내용

맛있는 일상의 저당식으로
가족 건강 지킨 영양사 주부의 실전 노하우

- 백반 세트 50%, 한그릇 별미밥 도시락 25%, 별식 도시락 25%로 구성한 일주일 식단 레시피
- 일주일에 한번 한꺼번에 만드는 반찬데이, 밀프렙을 활용한 당일 조리의 효율적 준비 방식
- 혈당과 과식 방어가 가능한 식전샐러드, 기호에 따라 고를 수 있는 잡곡밥 완벽하게 정리
- 나에게 필요한 섭취량 계산법, 맞춤 식단 구성법으로 나만의 식단을 구성하는 방법 소개

〈 당뇨 잡는 사계절 저당 식단&도시락 〉

임재영 지음 / 312쪽

대사증후군 잡는 2·1·1 식단

1판 1쇄 펴낸 날 2017년 1월 13일
1판 10쇄 펴낸 날 2025년 1월 7일

편집장 김상애
책임편집 김유진
편집 김민아 · 김현경
메뉴 개발 및 검증 배정은 · 김지나 · 이혜영
아트 디렉터 원유경
디자인 변바희 · 전아름 · 송지윤
사진 박건주 · 구은미(프레임스튜디오)
스타일링 최새롬(Styling ho)
기획 · 마케팅 내도우리, 엄지혜

편집주간 박성주
펴낸이 조준일

펴낸곳 (주)레시피팩토리
주소 서울특별시 용산구 한강대로 95 래미안용산더센트럴 A동 509호
대표번호 02-534-7011
팩스 02-6969-5100
홈페이지 www.recipefactory.co.kr
애독자 카페 cafe.naver.com/superecipe
출판신고 2009년 1월 28일 제25100-2009-000038호

제작 · 인쇄 (주)대한프린테크

값 22,000원

ISBN 979-11-85473-26-0

소품 협찬 무겐몰(mugenmall.com), 르쿠르제(e-lecreuset.co.kr)